破　局

粟屋かよ子

破局

Hakyoku

人類は生き残れるか

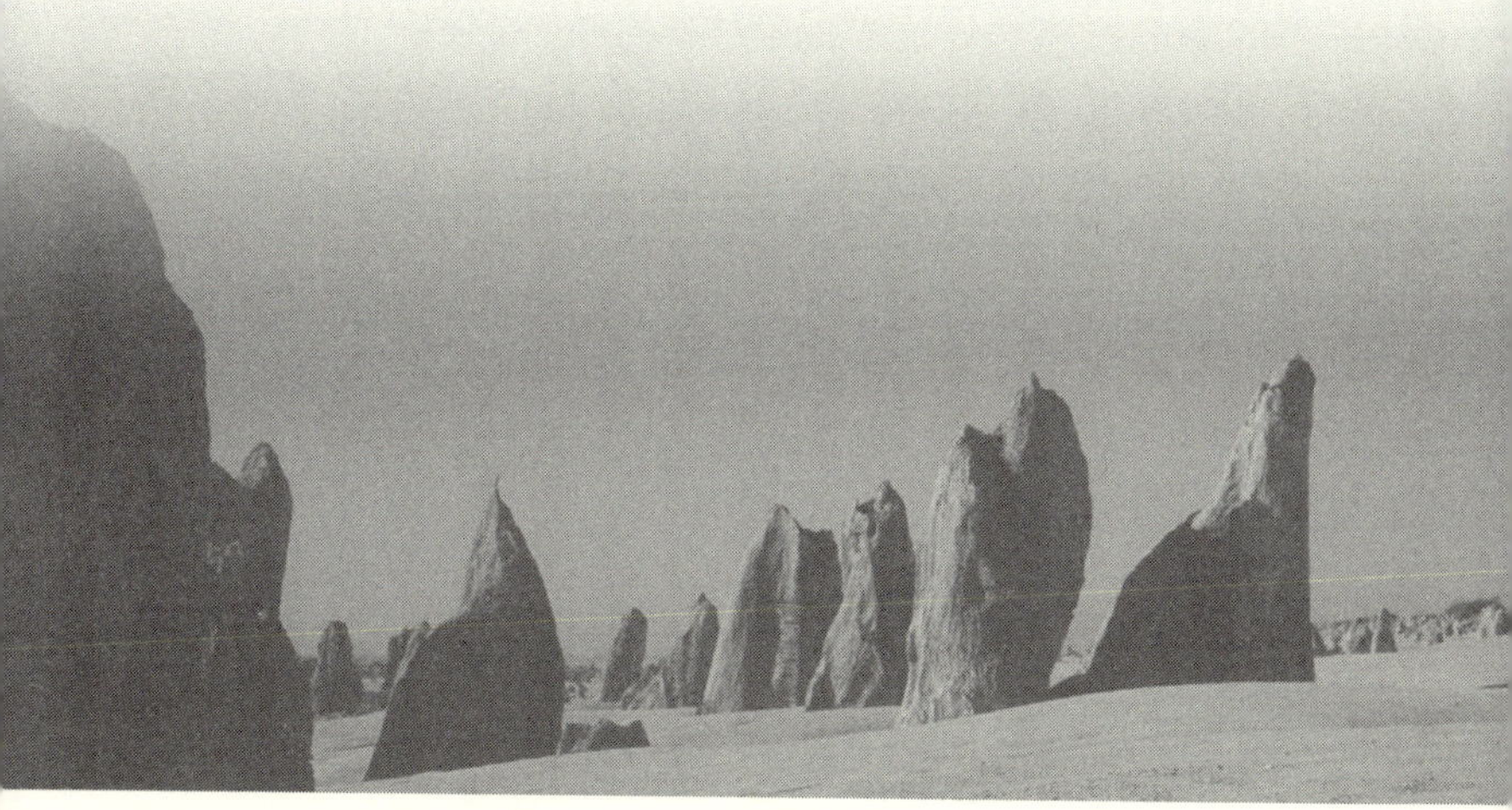

海鳴社

はじめに

二〇〇四年の夏、アボリジニ文化に惹かれてオーストラリアに家族で出かけたときのことです。この地のスキーにも一度挑戦してみたいと思い、スノーウィ・マウンテンズのペリッシャー・スキー場に二泊の強行軍で出かけました。私のスキー自体は惨憺たるもので、後半はもっぱら外からスキー場を眺めて過ごしました。そしてそのとき、それまで気づかなかった光景に呆然としました。広大なる自然の中で……などといった、当初私が抱いていたイメージとはおよそ違っていました。

オーストラリアばかりでなく、ヨーロッパ各地からも大勢集まってくるというスキー客でごった返した、そこはさしずめディズニーランド風の人工の山といった感じでした。はたしてこんなことがあってよいのだろうかと思いました。地上はどんどん金持ちのレジャーランドと化していくのではないか。人間のオモチャになっていない自然なんてどこかにあるのだろうか。その夜、私はスキー場近くのホテルで、一人なかなか寝つけませんでした。いま地球上では、人間が自らの享楽のために、人工の世界を極限まで推し進めつつある。そしてそれは、ひょっとして、もう自然の許容量を越しつつあるのではないだろうか……と。

そのうち私は、一体夜はどうなっているのだろうかといぶかしく思い、むっくり起き上がって廊下づたいに歩きはじめました。確か山に面した方の片側が全面ガラス張りになっている部屋がひとつあったはずだ、と記憶をたどりながら。

その部屋に一歩足を踏み入れたとたん、私はあっと息を呑みました。そこには、暗闇の中に昼間と全く異なる光景が迫っていました。ゴーゴーとうなり声をあげている大地。激しく吹きまくる雪の向こうに浮かび上がる巨大な黒い山。その存在そのものに、私は圧倒されました。人間を一歩も寄せつけないその姿には、はかり知れない威厳がただよっていました。遠くで揺れている電柱の明かりも、人間の仕業がいかにはかなく貧相なものかを印象づけるだけでした。

これが本当の姿なのか……許して欲しい……でももうだめかもしれない……とめどもなく涙が出てきました。

しかし翌日、そこはまた前日と全く同じ、色とりどりに賑わうレジャーランドでした。夜に拝した山の姿はどこにも見当たりませんでした。夢でも見たような気分で、私はスキー場を後にしました。

翌年の夏は、アフリカで支援活動をしている友人を息子と二人で訪ねました。ジンバブエにある半砂漠の村の小学校に一週間ほど滞在したのです。ガスも電気も水道もないという生活には（旅行者としては）じきに慣れましたが、エイズの実態には耳を疑いました。全校生徒七三八名中、両親ともエイズで亡くなっている児童は八三名、片親がエイズで亡くなっている児童は二二六名、全体では三〇九名のエイズ孤児という話でした。しかも、これは報告があったものだけで、実際には四分の三ぐらいがエイズ孤児ではないかと副校長が話してくれました。

国は（本音のところでは）「死ぬやつはかってに死んでいってもらう」という方針らしい、とも語ってくれました。近くにある（といっても何十キロメートルも離れているのですが）旧植民地時代にできたアスベスト鉱山村にも車で行きましたが、六〇〇〇人の工夫と二万人のその家族が埃っぽい鉱山のふもとに住んでいました。

これが何を意味するか（数十年後に何が起こるか）、先進国の私たちが、そしてむろんこの鉱山の経営者が知らないわけはない。身の毛のよだつ思いがしました。

帰国後、私は『子どもたちのアフリカ』（石弘之）を読みました。「サハラ砂漠から南のアフリカで、大変なことが起きている。……この大陸が音を立てて崩れ落ちつつある。……崩壊の最大の原因はエイズの流行である」という書き出しから始まっていました。そして、アフリカでは少女が孤児になると、一族をたらいまわしにされて性的関係を強いられることは、別に珍しい話ではなく、しかも若いほど（エイズに感染している可能性が低いとみられ）狙われやすいという話には絶句しました。

いまも地球の裏側で、このような生を生きねばならない人たちのことを思うと、何もしてあげることができないという無力感にさいなまれます。しかし実は、先のレジャーランドを、そのかりそめの賑いを、作りだし支えてきたものこそが、他方で貧困やエイズにうちのめされている人々を作りだしたものと同根ではないでしょうか。そして人間の自然に対する支配と、人間に対する支配とはまさに一体となって進んできたことも確かなことでしょう。

いま私たちは、人類史はむろんのこと、地球生命の歴史からながめても異常としかいいようのない過渡的な時代を生きています。この小冊子は、現代がいかに異様な状態にあるかということ、そして、このままいけば人類はある破局へと向かわざるをえないのではないか、さらには果たしてこれを回避する道があるのだろうか、といった疑問を探るための一つの試みです。内容は三つの部分から構成されています。第Ⅰ部では現在私たちが直面している危機を素描してみました。まずは気づいてほしいからです。第Ⅱ部では、現代の科学・技術を強力に推し進めている考え方の枠組み、すなわち「機械論」とその限界を示してみました。問題の性質から言って、私たちの考え方そのものを問い直すことが重要だと思ったからです。第Ⅲ部では展望を探るための、現時点で私が紹介したいと思ういくつかの手がかりを扱いました。

最も難しいことは、人類が直面している本当の姿から目をそらさないことでしょう。レジャーランドが仮の世界であると自覚することです。たとえ人類が滅びるとしても。なぜならそれは、人類自らが犯した罪の結果なのであり、罪を自覚することこそが人間の証なのだから。

我が身の非力さもかえりみずに、蛮勇をふるってこのような拙い小冊子を著したのも、ひとえにこの人類の盲進にわずかでもブレーキをかけたいと思ったからです。すでに少なくない心ある人々がこの方向で動いていますが、現実に必要な力から言えば、まだまだ到底たりません。本当に解決されるものであれば、それは自ずから、地球上のあらゆる場所において、あらゆる人とあらゆる生物たちの参加による多様な知恵と実践を必要とするでしょう。ひとりでも多く仲間が増えることを願って止みません。

I　破局の予兆

あわただしい日々の生活の中で、ふと「最近の自然や社会は何かおかしいのではないか」と感じることはありませんか。でもそのうち「まあこれも一時的なもので、そのうち収まるだろう」と、いつもの日常生活にもどったりしていませんか。

実は現代は人類史上未曾有の危機をむかえようとしているのです。場合によっては、生命史上まれにみる大変動期のひとつにさしかかっているのかもしれません。しかも人類がその原因を作っているのです。

ここでは、現代人がある破局に向かって、まっしぐらに突進している姿を描いてみました。

虚心になって見れば、この事実に気づくはずです。

1　とけ始めた氷の島――地球温暖化――

世界最大の島、グリーンランドの氷がとけ始めました。この地を代表するイルリサット氷河は、二〇〇四年ユネスコの世界遺産に登録されましたが、二〇世紀初頭からしだいに後退を始めています。しかも、近年その加速が著しくなっていて、その後退した距離はここ一〇年間で約一五キロメートルにもなります。さらにグリーンランド北部の地元漁師たちによると、近隣の中小氷河は、この数年でどこも一〇〇メートル以上後退し、またＮＡＳＡなどの研究グループは、グリーンランドを覆う氷河の年間流出量が一〇年で約二・五倍になったと発表しました[1]。このまま温暖化傾向が続けば、グリーンランドの氷床がとけ、今世紀終わりまでに海面を一〇センチ上昇させる、という予測も超高速コンピューターがはじき出しています。

かつてアザラシの脂を燃やして暖をとってきたイヌイットも、今ではディーゼル発電施設に頼っています。何千年も続けてきた生活が一変するのに、四半世紀ほどの時間しかかからなかったといいます。派手な色づかいの北欧風住宅に住み、最新のアウトドア服に身を包み、食品店には英語の書かれたインスタント食品が積みあがっています。シオラパルクの顔役の一人、イランガーさん（五五歳）は、村の将来が不安で仕方ありません。「何でこんなになったのか仕組みはよく分からんが、地面から掘り出したモノをいっぱい燃やすなんて、いつかおかしなことになると思ってたんだ」といっています[2]。

温度変化の影響は、高緯度地帯では増幅されます。地表の雪氷は低温を保つ働きがありますが、その雪氷が消えると、こんどは逆に急激な温度上昇が進むのです。ですから、グリーンランドで生じている現象は地球温暖化の最前線というわけです。

実際、地球温暖化のもとで近年世界各地で環境変化や異常気象が頻発しています。なぜなら、私たちの生命活動が繰り広げられる舞台である気候そのものが、大気や海洋や生物活動の極めてデリケートなバランスの上にゆらいでいるからです。例えば海面温度が上昇すれば、冷たい上空との温度差が広がり、台風やハリケーンなどの熱帯低気圧は巨大化します。一般に温暖化により気候は極端になり、豪雨の頻度も、乾燥の頻度も増えるのです。

こうして氷河が急速に溶け出したヒマラヤでは決壊の危機に直面する氷河湖、ここ数年、毎年八〇〇万ヘクタールの森林が消えているというシベリア。二〇〇四年には三万人を超える死者を出したヨーロッパの熱波、日本でも過去最高という一〇個もの台風が上陸。一昨年米国史上最悪の被害をもたらした巨大ハリケーン・カトリーナ、スペインと南米アマゾンを襲った数十年ぶりの記録的干ばつ、等々。そして太平洋では、海面上昇によってまさに没しようとしている国、ツバルがあります。

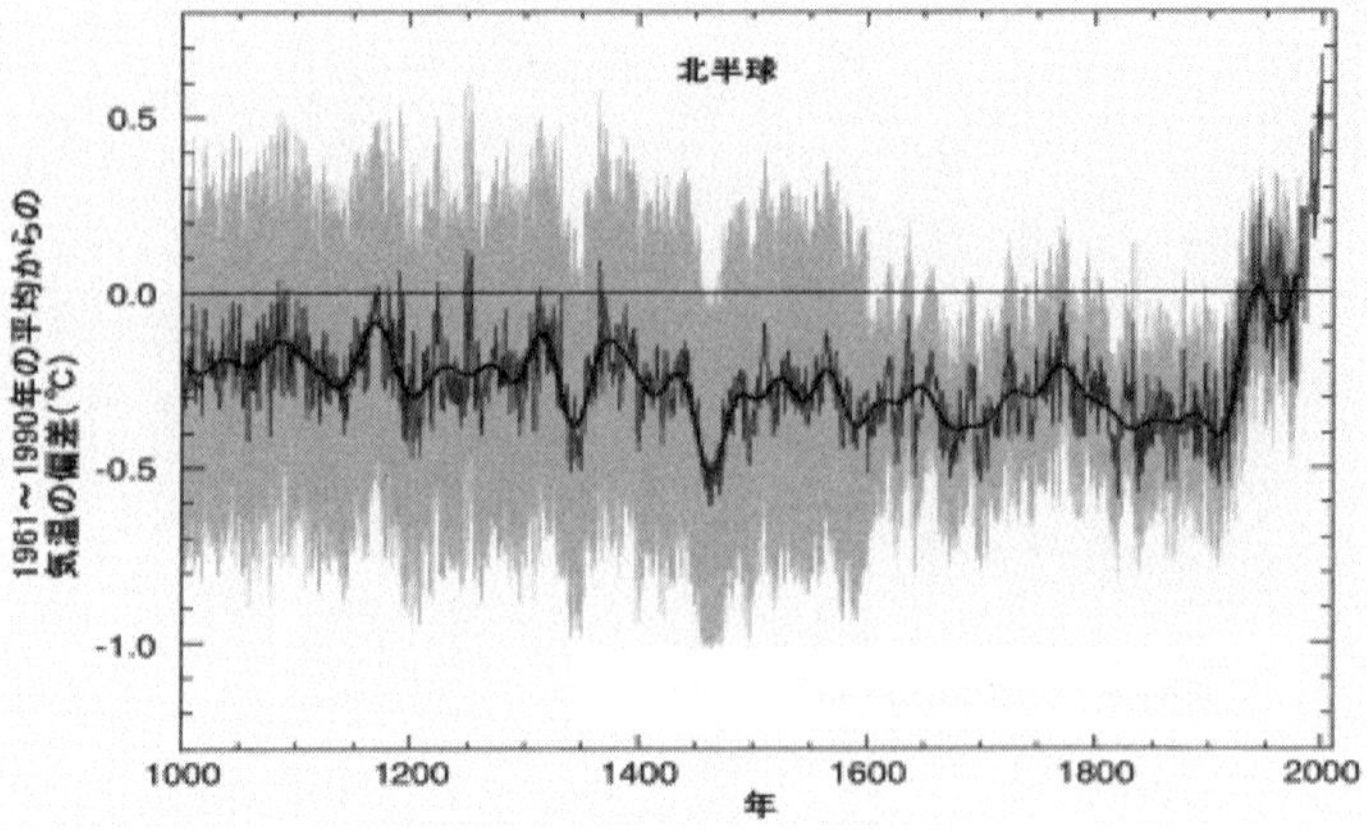

図1−1　過去1000年(北半球)の気温の変動(IPCC第三次レポートより)
背景の幅の広い帯は95％の信頼区間の領域。幅の狭い折れ線は年々の気温。中央の太い線は50年毎の平均。

はたして現代の温暖化傾向は、単に一過性のものなのでしょうか。それとも、人類史的な危機の予兆なのでしょうか。もしそうだとすれば、その原因に、人間の生産活動によるものが本質的な部分として含まれるのでしょうか。さらには、これを克服するだけの智恵と時間を私たちは持ちあわせているのでしょうか。

過去千年間の温度変化

いま私たちに必要なことは、最新の科学・技術の力をも利用して、まずは温暖化現象のより確かな裏づけを得ることでしょう。

最近ようやく、ほぼ確定的にいえる部分が明確になってき始めました。このような状況に至るまでには、実にいろいろな分野の科学者による非常に多数のさまざまな種類の事柄に関する情報を総合しなければなりませんでした。

国際的な組織としては一九八八年に「気候変動に関

する政府間パネル」（IPCC）が設立され、現在までに三回にわたる評価報告書も提出されています。

まず、図1－1を見ることにしましょう。これは、ここ一〇〇〇年間の地球（北半球）の温度の平均値です。測定器による観測データのない期間に対しても、気候を推定する様々な解析（年輪、珊瑚、氷床コアなど）から導きだされる代替データを導入することにより復元してあります。

ここに示されている温度は、およそ産業革命以前頃までは、下降ぎみの傾向をたどりますが、その後に急に上向きに転じています。これらの値の不確実性は、年代を遡るとともに増大しますが、それにもかかわらず、二〇世紀の気温上昇の度合いと持続期間はかなり大きいのです。

特に一九九〇年代は過去一〇〇〇年間で最も暖かい一〇年間であり、一九九八年は最も暖かい年であった可能性が高いのです。

いまや、気候はほとんどの科学者が想像していたよりも、急速に変化しうるということが分かってきました。一九六〇年代には何万年もかかると信じられ、七〇年代には何千年もかかると信じられ、八〇年代には何百年もかかると信じられていた温度の上昇下降が、わずか数十年で起こりうるということが発見されたのです。実際、一万年前までは、温度が低いうえ、一〇年で六℃程度に及ぶほど気温が大きく変動することもまれではなかったのです。

過去四〇万年の温度変化

ではもっと時代をさかのぼってみましょう。図1－2は、過去四〇万年の気温の変動を示したもの

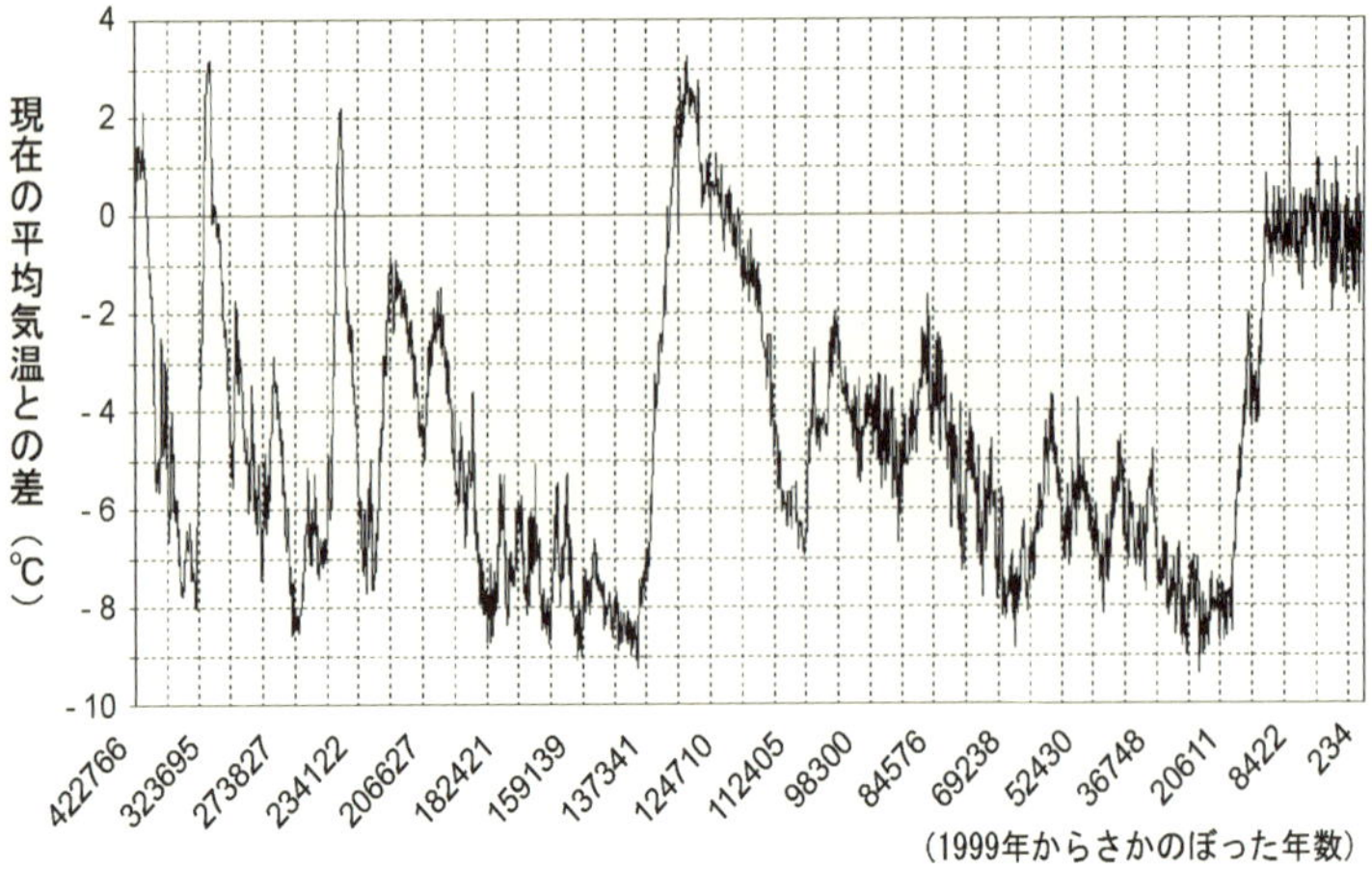

図１－２　過去 40 万年の気温変動（IGBP/PAGES による）

です。この当時の気温は、南極やグリーンランドをおおっている厚い氷床をボーリングして底部のサンプルを採取し、そこに閉じ込められている昔の空気を分析して分りました。

この空気の中にある酸素の同位体（^{16}O と ^{17}O と ^{18}O）の割合は、そのときの温度によって影響を受けます（温度が高いほど、重い酸素が海水から蒸発してゆく確率が相対的に高くなる）。そこでこの同位体の存在比を見ることによって、当時の地表付近の気温が推定できるわけです。

この過去数十万年の気候変動の特徴は、もっとも顕著なおよそ一〇万年の周期とともに、およそ二万年と四万年の周期が重なった複雑なリズムで盛衰をくりかえしています。実はこれらの特徴は、セルビアの工学者M・ミランコヴィッチが、二度の世界大戦の間に計算した、太陽系の中における地球の軌道運動と歳差運動による日射量の変動とおおまかな相関関係があります。

しかしながら、氷河時代の周期に関するミランコヴィッチの軌道理論には、根強い反論がありました。それは、もし氷期のタイミングがその半球の太陽光の変化によって決められるのであれば、なぜ北半球が冷やされるにつれて南半球が暖かくなり、またはその逆のことが起こったりしないのかというものです。さらには、計算された日射量の変動はわずかなものであり、これが氷期を引き起こすと主張するにはあまりにも無理があると考えられました。

最終的に得られた、これらに対する解答は以下のようなものです。

まず、氷の円柱の中の細かい気泡に閉じ込められた二酸化炭素の濃度の測定から、どの氷期でも大気中の二酸化炭素の濃度は、その間の暖かい時期よりも低かった――五〇％も低かったのです。氷河期が来たり去ったりするのにともなって二酸化炭素濃度がこれほど大きく上下する原因は何か、最初は誰も説明できませんでした。やがて、温室効果ガスとしての二酸化炭素が気候変化において中心的な役割を担っていることが明確になってきました。そこで日射量の変化によって、一方の半球が冷やされる（あるいは暖められる）場合でも、二酸化炭素は何ヶ月かの間に地球大気全体を循環するので、その変化が物理的に両半球をつなぎ、地球全体として暖まったり冷えたりすることになるということが分かったのです。

次に、太陽光の弱い変化が、はたして大陸氷床を成長させたり崩壊させるほどの変動をもたらすことができるのか、という問題です。これに関しては、各種のフィードバックによる増幅のメカニズムが指摘されるようになってきました。

例えば、海洋圏は大気圏の四七倍というけた違いな量の二酸化炭素を吸収していますが、何らかの原因で水温が一℃上昇すると、（二酸化炭素の溶解度は温度とともに減少するので）海洋圏は二酸化炭素一〇〇億トンを大気圏へ放出します。放出された二酸化炭素はその温室効果により、大気圏の温度をさらに上昇させます。すると今度はそれが海洋混合層を通じて海水温を上げ、海洋に貯蔵されている二酸化炭素をさらに大気圏に解放します。今度はこれがさらに気温を上昇させ‥‥という具合にフィードバックの連鎖が生じるのです（ただし、プランクトンなど生物による影響は無視）。この連鎖反応はわずか数ヶ月という短期間に引き起こされます。

他にも、暖められた湿地や森林からのガスの放出など、同様の気温の上昇の連鎖を導くものはいくらでもあります。逆の例としては、雪氷面積が広がると日光の反射率（アルベド）が増加し、それは気温を低くしますが、気温が低くなれば雪氷面積が拡大し　アルベドがさらに増加する‥‥という具合に温度を下げるフィードバックの連鎖が始まります。

こうして、地球上のいたる所に、外部の影響に対して敏感に反応する態勢にある大小様々なフィードバック・サイクルがひそんでいることがわかります。ミランコヴィッチのサイクルは、これらの働きのペースメーカーとしての役割をはたしているだけです。では、何らかの種類の自然のフィードバックシステムがミランコヴィッチのわずかな日射量の変化を増幅して、最後には完全な氷期に至らせるということが可能でしょうか。

海洋の大コンベア・ベルト

実は、掘削された氷床コアの分析や湖底粘土層の分析から、過去に劇的な気候変化が起こっていたことが分かりました。そして、その鍵となったのは「大コンベア・ベルト」と呼ばれる、北へ熱を運ぶ海水だったのです。大西洋の表面付近を北に向かって徐々に動いている膨大な量の水は、太陽が北大西洋全体に与える熱の三分の一近くを、アイスランド近海に運んでいます。

もし何かがこのコンベア・ベルトによる循環を停止させたら、北半球全体の大部分で急激な寒冷化が訪れるでしょう。そして実は、地質学的調査から、最終氷期の終わりに北アメリカの氷床が溶けていく過程で、その水がせきとめられて巨大な湖をつくっていたことが明らかになりました。しかも、この湖の水が急に放出されたとき、海洋に膨大な量の淡水が押し寄せ、これが循環の停止と寒冷化を引き起こしたのではないか、といわれています。

一般的に海流は風によって発生しますが、北大西洋では、それと異なる仕掛けがあります。北上してきた海水が、北極海域に到達したところで強く深く沈み込んでいるのです。近年この沈み込みが、北大西洋に限らず、「海洋コンベア・ベルト」の深層海流となって世界の海洋を巡る大循環の基点になっていることが分かってきました。

この沈み込みは、ここで、表面付近の海水が周囲より重くなることから生じるのですが、その原因として、いくつか考えられます。まず、氷ができるときに塩分が吐き出されることから塩分濃度が高くなり重くなります。同じ現象は、海面からの水分蒸発量が淡水の流入を上回るときにも起こります。さらに、温度の低下による密度の増加もあります。

いまでは、この熱と塩分の差を原動力とする、世界規模の海水の動きは極めて不安定であることが分かってきました。循環を止め氷期を招くためには必ずしも大陸氷床の溶融は必要ないのです。現在の四倍の二酸化炭素濃度で、大気・海洋結合モデルを試してみたところ、海洋循環が止まりそうな兆しが見られたという報告もあります。

いずれにせよ、海洋・大気システムは非常に微妙なつりあいで保たれているのです。むろん、より完全な議論にするには、ここに生物システムも結合する必要があります。そしてその最も皮肉で差し迫った例が、私たち人間という生物による影響なのです。

人間による影響

ミランコヴィッチによる天文学的な周期の複雑なパターンからの予測では、今後二万年ほどにわたって気温は下向きになっていきます。これが正しいとすれば、図1−1の示す、産業革命までの下降線は、まさしく、地球が徐々に新たな氷河期に向かっているのを示しているはずだ、ということになるでしょう。

では二〇世紀に入って、とりわけその後半、なぜ図1−1で示されるような異常な温度上昇になったのでしょうか。これが人間の仕業によるものか、あるいは天然自然の現象としてゆらぎの範囲内におさまるものか、多くの議論がありました。現在分かっていることは、この温度上昇の幅は、過去一〇〇〇年以内にはなかったということです。

そしてさらに、IPCCの第三次レポートでは、一八六〇年以降の気温上昇に関する観測結果と気候モデルによる結果の比較から、「近年得られた、より確かな事実によると、最近五〇年間に観測された温暖化のほとんどは、人間活動に起因するものである」と結論づけ、二一世紀を通じて、人間活動が大気組成を変化させつづけ、人為起源の気候変化は、今後何世紀にもわたって続くと見込んでいます[3]。

この先、地球がどうなっていくのか、誰にも正確なことはわかっていません。なぜなら、人間起源の影響がとてつもなく増大している一方で、これをコントロールすることは（今までのところ）極めて難しく、人間ほどあてにならない生物はいないからです。

そのことは、一九九七年に地球温暖化防止条約の第三回締約国会議において採択された京都議定書をめぐる動きを見ただけでも分ります。この議定書には二酸化炭素、メタン、亜酸化窒素など全六種の温室効果ガスの排出削減方法として、市場メカニズムを導入した〈排出枠取引〉などによる柔軟性措置が盛り込まれ、先進各国に対しては削減目標値が各国の利害を背景に紆余曲折の末決定されました。

しかも二〇〇一年、世界の二酸化炭素排出量の二一・九％（一九九五年）を占めているアメリカが早々と離脱しました。二〇〇四年には、世界の二酸化炭素排出量の七・七％（一九九五年）を占めるロシアが批准したことで、ようやく二〇〇五年二月、京都議定書は発効したのです（実施期限は二〇〇八年〜二〇一二年）。その裏にはロシアの排出量のピークであった一九九〇年を削減計画の基準年とし、これに対してロシアの目標値は０％と設定され、〈排出枠取引〉などについては恩恵を受ける立場となったという事情もあります。

　実際には、開発途上国の温室効果ガス排出量は二〇一〇年頃には先進国を上回ると予測されており、何らかの形で開発途上国も参加することなしには地球規模での温室効果ガス削減は実効性を持たないことは確実でしょう。むろん世界の二酸化炭素排出量の一三・六％（一九九五年）を占める中国を含めた開発途上国は、「先進国は産業革命以来、二酸化炭素をはじめとする温室効果ガスを大量に排出し続けてきたのであるから、まず先進国が責任を持って温室効果ガスの削減に取り組むべきである」と主張しています。ついでにいえば、日本の温室効果ガス総排出量の削減目標値は（一九九〇年の）マイナス六％ですが、二〇〇三年現在でプラス八％と、削減どころか増加になっているのです。

　さらに〈排出枠取引〉という方法は、あらかじめ設定された目標が達成できない場合には、余裕のある他の国から排出枠を買うことによって、自国で削減したことにしてもよいという制度です。つまり京都メカニズムとは、地球温暖化防止の問題が市場の論理で動くことを打ち出しているのです。

　江澤誠は「二一世紀は環境の時代であり、それはすなわち、市場経済と〈商品化された環境〉が緊密な関係をさらに強めることを意味しているのである」[4]と警告を発しています。そうなれば私たちは、環境破壊を招いた旧来の市場原理という路線の延長線上を、さらに速度を増しながら破局に向かって盲目的に突っ走っているだけということになります。

二つのシナリオ

このままゆけば地球の未来はどのような状態になるのでしょうか。

むろん、将来実際に何が起こるかを正確に予言できる人は誰もいません。ＩＰＣＣの第三次レポートでは、二酸化炭素を含めたさまざまな要因による地球規模での年平均の放射強制力が掲載されています。（「放射強制力」とは、ある因子が地球‐大気システムに出入りするエネルギーのバランスを変化させる影響力の尺度で、単位は一平方メートル当たりのワット数）。

これをみれば自然あるいは人為的な活動の中で、個々の要因がどの程度、気候を変化させる可能性をもっているのかの大まかなイメージを得ることはできます（最大のものは二酸化炭素による）。しかし、ここから全体を総合した具体的な結果のイメージを得るのは至難のわざです。例えば、地球平均で正（温暖化）および負（寒冷化）の値をとる強制力を機械的に加え合わせ、正味の合計値が全地球に対してすべての気候への影響を示すと判断してはならないのです。

それでも最後に、西澤潤一らが描いてみせている人類のカタストロフィの二つの道筋を紹介しておきましょう。

出発点はともに温暖化です。これが海底に眠るメタンハイドレートの崩壊を引き起こし、（温室効果では二酸化炭素の二〇倍という）メタンガスの噴出を招き、温暖化とメタンガスの噴出という連鎖反応が始まります。こうなれば、もう誰にも止めることはできません。

その後のシナリオの一方は、おなじみの北極の氷の融解、「海洋コンベア・ベルト」の停止、そして寒冷化に引き続き氷河期へと逆転するというものです。他方のシナリオである急激な温暖化の継続は、人類を含む動物全体の二酸化炭素中毒死という恐るべき絶滅の道につながっています。どちらに向かうのか、それを決定するカギはまだ発見されていない、といいます。

いずれにしても、例外的に安定した温暖期であったこの「至福の一万年」が終わりつつあるということだけは確かなようです。私たちはこの安定した一万年の間に、農業革命、工業革命に「成功」し、第Ⅱ部のテーマである、機械論的な世界観を身につけてきましたが、今ではそのことが逆に、自然の壊滅的な破壊をもたらし、私たちの現状を直視する目を曇らせ、解決への道を遠ざけています。しかしそのテーマに入る前に、他の現象についてももっと探ってみましょう。

2　しのびよる大量絶滅

いま地球上に生きている生物は一〇〇〇万種とも一億種とも推定されていますが、その詳細は分っていません。そのうちこれまで人間によって公式に記載された生物は、約一五〇万種（その半数以上が昆虫類）です。その中で、国際自然保護連盟（IUCN）は、世界中で絶滅のおそれのある動植物を「レッドリスト」として挙げています。

それによると二〇〇四年の最新版で、絶滅のおそれの高い「絶滅危惧種」の数は動物種で七一八〇種、植物種で八三二一種となっています。哺乳類は現存する種の二〇%が絶滅危惧種であり、その中にはトラ、アフリカゾウ、オランウータン、ジュゴンなどが入っています。また日本固有の生物種で絶滅の恐れのあるものは、哺乳類では三種に一種、鳥類では五種に一種、両生類では四種に一種、植物では六種に一種となっています。

しかしこのようにいわれても、あまり切実感は湧かないでしょう。私たち一般人には、これがどれほど地球生命の歴史にとって異常なものかという具体的イメージがほとんどないというのが正直なところです。それは一つには、生物の進化や絶滅のタイムスケールとなると数十万年、数百万年単位で判断しなければならないのに、人間が実感できるタイムスケールが、せいぜい百年程度であるということによります。

さらには私たちが、すでに天然の自然からは十分隔離され管理された人工空間で生活しているため、日常的に野生生物の生態や動向を感じるのが難しいからでもあります。ですからここでは、日常生活の次元をこえて、現代科学・技術の成果も利用してイマジネーションをふくらます必要があります。

実は、生物の絶滅は、地球規模の環境異変などなくとも、自然におこっています。むしろ種の絶滅そのものは、新しい種が生まれるためには必要であるともいわれます。なぜなら、地球は有限なので、生物の住む生態系の空間（ニッチ、生態的地位）には限界があり、絶滅が起こらない場合には、生物種の数はやがて飽和に達し、新しい種を生む余地はなくなるからです。しかし現在起こっている現象は単なる絶滅では説明できないようです。実際、一九九八年のアメリカ自然史博物館による調査では、生物学者の七〇％が、現在大量絶滅が生じているとみなしているようです。

そこで地球生命史の中に現代を位置づけるため、かつて地球上で生じた大量絶滅とはどのようなものであったかを見てみましょう。これについては、近年のコンピューターを駆使した科学・技術によって、かなり具体的なイメージを持つことができるようになってきました。まず図２－１を見てください。

これは、横軸を現在からの年数（億年前）とし、縦軸に「科」の数（正確には海棲無脊椎動物の数）

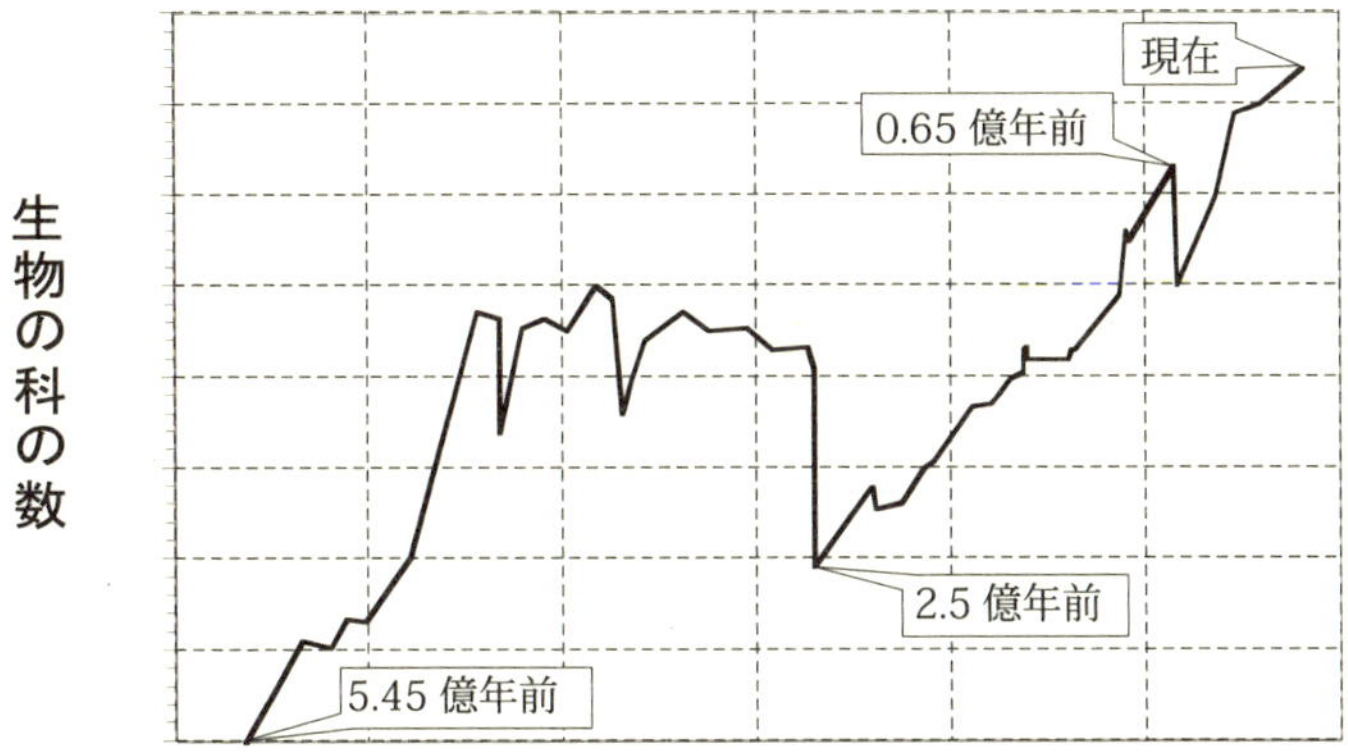

図２－１　大量絶滅と進化

をプロットした有名な図表で、一九九三年、Ｄ・ラウプとＪ・セプコスキが過去二〇〇年間にわたって人間が発見した膨大な化石データをもとにして作成したものです。過去六億年間に数ヶ所の急激な落ち込みが誰の目にも分かるようにくっきりと現れています。彼らは、これらを大量絶滅と称し、通常の生物の絶滅と区別しました。ここではその中で、最近とりわけよく知られるようになってきた二つの時期の大量絶滅を調べてみましょう。

六五〇〇万年前の大量絶滅事件

一番最近の六五〇〇万年前の大量絶滅は恐竜が地上から姿を消したことでよく知られていますが、地質年代ではＫＴ境界で生じています（Ｋは中生代最後の白亜紀、ＴはＫにつづく新生代最初の第三紀の略）。ラウプ博士の試算によれば、当時存在した生物種のうち最大で七〇％が同時に絶滅していたのです（生物の分類は「科」「属」「種」の順に細かくなる）。この大量絶滅の原因については諸説ありました。

しかし一九八〇年以降、ＫＴ境界層から、本来地表には存在せず隕石などに多く含まれるイリジウムが各地で大量に発見され、ＫＴ境界での大量絶滅の原因が隕石の衝突によるものではないかという説が出てきました。そして、一九九〇年、メキシコ南東部のユカタン半島の地下に直径一〇〇キロメートル以上の巨大クレーターが発見されたとき、隕石衝突による可能性が極めて高くなりました。実際、周辺の鉱物などの分析から、これがちょうど六五〇〇万年前にできたことも判明しました。

この場合の、大量絶滅のシナリオとは、次のようなものです。

直径二〇キロメートルもある巨大隕石が、大気層を落下してくる間に複数個に破壊された（その破片が太平洋の堆積層で見つかっている）。隕石は、秒速二〇キロメートルという高速で地面に対して二〇～三〇度という浅い角度で接近し、地殻にめり込んだ。

その時、わずか一〇秒間で、マグニチュード一〇を超える地震、秒速七〇メートルで温度数万℃の爆風、高さ四〇〇メートルの大津波、巨大なキノコ雲を伴った数兆トンもの岩石の塵、といったものが発生した。飛び散った岩石は火の玉となり、地上に降り注ぎ、世界中の森林は次々に大火災を起こした。しかしその後は、塵にさえぎられて太陽光線は地表に届かず、暗黒の世界に酸性雨が降りつづけた（掘削によって、採取した試料を分析した結果、イオウ分を含んだ堆積物が衝突によって気化されて空中に舞い上がり、これによって酸性雨の雲が生じたと考えられている）。

大型生物の大半が死滅し、小型生物は地下へもぐり、地上の植物は炎に焼かれ、酸性雨が流れ込んで無数の海生生物が死に絶えた。この天変地異に対して最も無防備だったのが、大型動物の恐竜やアンモナイトで、ともに絶滅した。

やがて平均気温は数十度低下し、〈寒冷〉が訪れた。光合成ができなくなった植物は枯れ、草食動物は餓死し、それを餌にする肉食動物も餓死していった。

しかし、衝突からおよそ一〇年、大気が澄んで寒さが緩むと一転して、衝突や森林火災で放出された二酸化炭素がじょじょに温室効果を発揮し、以後数十万年以上も続く〈温暖化〉が始まった。

こうした環境の激変が七〇％もの生物の種を絶滅に追いやったというこのシナリオは、宇宙からの隕石の衝突で始まっています。それはいわば外からの侵入で、地球にとってみれば偶然的な原因とみることもできます。しかしこの事件によって、地上の既存の生物が壊滅的打撃を受け、さらにそのことによって、恐竜の世界から哺乳類の世界へと生命の舞台が一変するのです。その意味でこの事件は、地球も宇宙の中の（太陽系の中の）一天体にすぎず、地上の生物も、宇宙の絶えざる変化の中に置かれていると いうことを実感させてくれます。

二億五〇〇〇万年前の大量絶滅事件

ところで他方、地球内部の構造や運動が大量絶滅を引き起こす主要な原因の一つであることも次第に分かってきました。その最も劇的な例が、今からおよそ二億五〇〇〇万年前のＰ Tr境界で生じた生物史上最大の大量絶滅事件です（Pは古生代最後のペルム紀、TrはPにつづく中生代最初の三畳紀の略）。この場合は地球にとって、より必然的な原因ということができます。これを理解するには、一九六七年以来発展してきた「プレートテクトニクス」を多少知っておく必要があります。

まず地球はその化学成分で区分すれば、大まかに三つの層から作られています。すなわち、まず地球中心部に主要構成元素が鉄からなる核（コア）があり、それはおよそ地下二九〇〇キロメートルより下の層です。その外側にはマントル、さらにその上に地球の外皮ともいうべき地殻があります。マントルは地球の全体積の八割以上を占め、その主成分はカンラン岩などの固体です。これが核と地殻の間を、数千万年単位のタイムスケールでゆっくりと対流しながら、内部の熱を表面に送っているのです。「プレートテクトニクス」によれば、マントル上層部にある、いくつかのプレート（およそ一〇〇キロメートル幅の固い板状の層）の動きが、その上に載っている大陸の離合集散を引き起こしています。

しかし、このマントルの実際の動きが具体的に知られるようになったのは、「地震波トモグラフィー」という技術が発展してきた、一九九〇年代以降になってからです。それは、世界中に設置した数千ヶ所の地震計で、地球各地で起こる地震波の伝播速度を観測し、それらをコンピューター処理して、地球内部の立体構造を明らかにすることを可能にしました。地震波の速度が遅い部分は（やわらかいマントル物質で温度が高く周囲より比重が小さいため）地表に向けてゆっくりと上昇していると考えられます。逆に地震波の速度が速い部分は（硬いマントル物質で温度が比較的低く周囲より比重が大きいため）地球の中心方向へゆっくりと沈み込んでいると考えられます。

こうして地球内部のマントルのダイナミックな動きをリアルにとらえることができます。

例えばアフリカ大陸の地下ではコア・マントル境界からマントル物質が湧き上がるように延び、アラビア半島、紅海付近にまで達しています。これが大陸を引き裂き、紅海や東アフリカの大地溝帯を形成しているというわけです。

このようなマントル物質の湧き上がりは「マントルプルーム」と呼ばれています。そして、二億五〇〇〇万年前の地上最大の大量絶滅の引き金となったのは、さらに巨大なマントルプルームであるという可能性が明確になってきました。

その壮大なシナリオを「プルームテクトニクス理論」の提唱者である丸山博士は、次のように紹介しています。

今からおよそ二億九〇〇〇万年前に大小さまざまな大陸が何億年もかけて集合し、超大陸パンゲアが成立した。大陸を寄せ集めてきた海洋プレートは超大陸にぶつかって、そのまま超大陸の下へもぐりこみ、大量の海洋プレートの残骸がコア・マントル境界に向けて落下した。

超大陸の周囲で生じたこの重く冷たい岩石のいっせい大崩落の結果、逆にコア・マントル境界付近から高温で軽いマントルの塊が大量に上に向かって押し出され、高温で巨大なプルーム（スーパープルーム）を形成した。その頭部の直径は何と一〇〇〇キロメートルほどもあった。

これが地殻に衝突すると巨大な火山活動が引き起こされ、超大陸は引き裂かれ、現代の位置にまで移動を始めた。

実は、日本の五倍あまりの大きさをほこる「シベリア洪水玄武岩」こそ、今からおよそ二億五〇〇〇万年前後に生じた史上最大の火山噴火の跡なのです。

こうして、二億五〇〇〇万年前、大陸の各地で巨大噴火が長期間にわたって生じ、これによって莫大な二酸化炭素の量が大気中に放出されました。シベリアに残る溶岩量だけからでも、現在の大気に含まれる二酸化炭素量のおよそ一五倍という試算もあります。

この二酸化炭素による温室効果や、火山ガスに含まれる二酸化イオウによる地球規模の酸性雨などによって、植物が枯れ、光合成による二酸化炭素の吸収も弱まり、温暖化に拍車がかかります。さらに、温暖化が進めば、海面などから蒸発する水蒸気の量も増えますが、水蒸気も温室効果ガスのひとつです。また、二酸化炭素の溶解度は温度が上がれば下がるので、海水中に溶融している二酸化炭素もますます大気中に放出されることになります。こうして、温暖化がさらに温暖化を呼ぶのです。

しかもこの温暖化により、当時地下に眠っていたメタンハイドレートが融けだし、それが大量のメタンガスとなって大気中に放出された証拠も出されています（ＰTr境界層での炭素12の異常という現象）。実際、世界中のＰTr境界を歩き、生物化石を丹念に調べて回ったウイグナル博士によれば、赤道付近で八〜九℃、極付近では二〇〜二五℃も気温が上昇し、地上は灼熱化し、陸上の動植物はほとんどが絶滅しています。

それぱかりか博士は、メタンハイドレートがもたらした超高温の大気が、海洋のコンベア・ベルトによる大循環を停止させてしまったといいます。つまり、極の高温化によって極付近の冷水がなくなり、海水の大循環が停止したというのです。大循環が止まれば、酸素を豊富に含んだ海面付近の水が海中へと向かわなくなります。また、海水の温度が上がれば、海水に溶け込む酸素の量も減ってきます。こうして世界の海は深刻な酸素欠乏状態に陥り、この酸欠状態は二億四〇〇〇万年前まで回復しなかったといわれています。

ラウプ博士は、史上最大といわれる二億五〇〇〇万年前の大量絶滅には、何と最大で九六％の種が絶滅したという数値を理論的にはじきだしていますが、実際に九〇〜九五％もの生物種が絶滅していることが、化石や地層の実地研究によっても確認されつつあります。そして哺乳類は、この絶滅事件以後に初めて地上に登場することができたのです。

現在の大量絶滅現象

以上、ＫＴ境界とＰTr境界の大量絶滅について、それぞれに、あるシナリオを紹介しました。それがどれほど説得力を持つものであるかどうかは、研究者によって必ずしも一致しているわけではありません。とりわけＰTr大量絶滅についての本格研究は、始まって一〇年余りにしかなりません。この境界で発見されている地質学的、古生物学的証拠もまだ不十分です。それでも仮説にしろ、あえてストーリー展開してみたのは、詳細は別として、過去の大量絶滅の納得できる原因としてどのようなものが考えうるかをイメージする必要を感じたからです。

なぜなら現在生じている大量の絶滅現象が過去の場合と比較して、一体何が異常なのかを推測する上で手がかりになると思われるからです。

第一にいえることは、絶滅の原因に関するものです。ここでみた大量絶滅の原因は、いずれも天変地異という自然現象です。とりわけ、大陸の集合とスーパープルームの突き上げによる巨大な火山噴火という数億年周期の環境激変は、地球内部にひそむ必然的な物理的メカニズムによるものです。ところが現在生じている絶滅の九九％は人間の活動によってひきおこされているものです。具体的には、生息地の破壊、生息地の分断化、汚染を含む生息地の悪化、生物の乱獲、移入種の導入、病気の蔓延といったものがあげられます。とりわけ多様性豊かな生命を育む森林や湿地帯の伐採や開発は、多くの種や生物群集を絶滅に追いやっています。

さらに人為による地球環境の急激な変化、例えば温暖化や砂漠化も、多くの種を絶滅の危機にさらしています。動けない植物にとっては耐えることしか逃げ道はありません。もともと分布域が狭く、個体数も多くない植物は、環境の変化に耐え切れなければ死に絶えるしかありません。そして植物の死は、その植物を食べて生きる動物の死を意味します。

第二に、現在の絶滅の異常なスピードをあげることができます。大量絶滅を含め、これまでの生物が経験してきた絶滅は長い時間をかけたものであり、それは新たな生物種が出現するゆとりのあるものでした。ところが、近年の絶滅種は以下のように異常な速度で増えています。

まず自然状態における絶滅の割合は、毎年一〇〇万種に対して一種以下と推定されています。絶滅したと報告がなされている大部分の動植物種は、一七世紀以降に絶滅しています。これを絶滅速度が比較的よく調査されている鳥類と哺乳類についてみると(これ以外の九九・九%の他の種についてはおおざっぱな見積もりしか得られていない)、一六〇〇～一七〇〇年の一〇〇年間では一〇年に一種のペースであったが、一八五〇～一九五〇年の一〇〇年間では毎年一種に急上昇しています。

地球上の陸地面積の七%にすぎないのに、世界の生物種の五〇%が生息しているといわれる熱帯雨林の破壊は、生物種の消失と同義です。もし国立公園や自然地区を除くすべての熱帯雨林が皆伐されたとすると、地球上のすべての植物および鳥の三分の二は絶滅することになるという試算があります。

あるいは、世界の熱帯雨林の一%が毎年破壊されるという控えめな推定にもとづき、また世界のすべての生物種が一〇〇〇万種いると仮定すると、毎年すべての種の〇・二～〇・三%、すなわち二万～三万種が消滅しているという試算もあります。無論、この異常なスピードは、人間による地球環境劣化のスピードと呼応していると見なせるでしょう。

第三に、これまでの場合、大量絶滅の直後には生物の突然の多様化が生じ、進化のスピードが速まってすらいるのです。分子生物学の分野からは、大量絶滅のような環境の激変そのものが、ミクロなメカニズムを通して生物の進化を加速するという説も出されています。つまり絶滅種があると同時に、それを上回る新種が現れるというのです。例えば六五〇〇万年前の大量絶滅の直後から、哺乳類、鳥類、顕花植物は爆発的な多様化に成功しています。いいかえればこれまでの絶滅は、天変地異の持つエネルギーが種レベルでの死と生をもたらすことによってさらなる多様性を生み出す、という壮大でダイナミックな生命のドラマを展開する原動力にもなってきました。

ところが現在生じている絶滅は、およそこのようなエネルギッシュなものではありません。新しい種があらわれることなく、絶滅の速度だけがピッチを上げているという異常な状況なのです。もとはといえば、私たち人間が急ピッチで地上から天然・野生の空間を締め出していること自体が、現代の種の絶滅の原因です。私たちに新しい種を生み出す力はありません。生物たちは進化しようにも進化するだけの余裕すらないのです。

私たちの周りで、人間に追い立てられた生物たちは黙って次々と一方的に消滅しているだけです。この不気味な状況は、生命の歴史に何をもたらそうとしているのでしょうか。少なくとも、人類を含む生態系のバランスが回復不能な速さで急速に崩れつつあることは確かでしょう。

3　人間活動の指数関数的成長

これまでの大量絶滅について、もう一度考えてみましょう。そこでは、地上の全生物種は確かに一時的にその数を急激に減少させますが、やがてそれを乗り越え、おおまかにいえばむしろ多様性を増しながら現在にまで至っています。そのことは図２-１からも見て取れます。その理由は、天変地異の後には新たな環境が出現し、やがてこれを新たな生存環境として生きるに適した種が次々と現れ、絶滅した種の数を超え、そしていまだ飽和状態には達していないからでしょう。

実際ＫＴ境界では、イリジウムをふくむ堆積層に保存されている当時の化石の状態からして、地球が壊滅状態にあったのはほんの一万年にすぎなかったと考えられています。この間に恐竜の科数はゼロになりますが、その後、鳥類と哺乳類が爆発的な多様化に成功しました。

では、現在生じている一方的な種の数の減少によって生じる空間は、何によって埋められているのでしょうか。

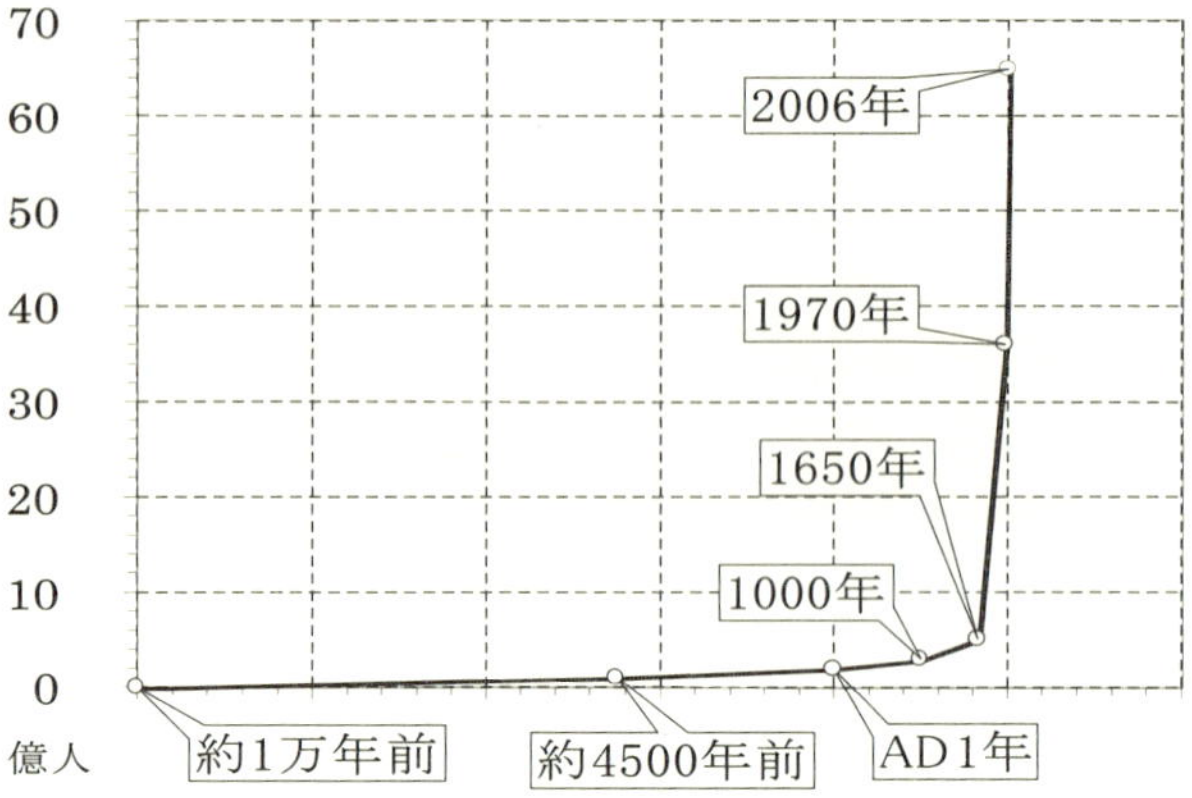

図３－１　世界人口

世界人口の指数関数的成長

それを最も象徴的に示唆しているようにみえるのが、消滅しつつある種と対照的に加速するスピードで増加してきた世界人口です。図３－１は過去の世界人口の大まかな様子を表したものです。図を見ただけでもその異常さが目立ちます。

人類は一万年前には、およそ一〇〇万人でした。それが紀元前二五〇〇年には一億人です。この間、一億人増加するのに約五〇〇〇年かかっています。ところが紀元元年（二億人）からは同じ一億人増加するのに約一〇〇〇年、紀元一〇〇〇年（三億人）からは同じく約三〇〇年、一六五〇年（五億人）を越すと一億人増加するのに三〇年しかかかっていません。

このような増加の特徴を指数関数的成長で表してみましょう。指数関数的成長というのは、線形的成長（単位期間当りの増加量が一定）と違って、単位期間当りの増加率が一定の場合で、倍々ゲームのように急激に成長します。例えば一六五〇年以降についてみると、一年に約〇・三%の割合で増加していました（これは二三〇年で倍増する割合です）。そして一九七〇年には、三六億人となり、成長率は年間二・一%となりました（この場合は三三年で倍増）。ですから実際には、成長率もまた高まっており、「超」指数関数的であったといえます。現在世界の人口は六五億三〇〇〇万を越えていますが、さらに当面一日二〇万人、年間で八〇〇〇万人の勢いで増加し続けています。

ここで指数関数的な成長がどのようなものであるか、もう少しその特長をみてみましょう。実はそのような増加に私たちは、日常様々な場面で結構出会っているのです。例えば、成長率一定の場合の工業生産指数、利率が一定の場合の預金の複利計算による元利合計、一定の割合で細胞分裂する単細胞生物の総数といったようなものです。細胞分裂を例にとってみましょう。一個の単細胞生物は環境が許せば、成長して一定時間たてば分裂し、親細胞と全く同一の二個の単細胞生物が発生します。

例えば大腸菌は約二〇分ごとにその数は倍になります。ということは最初の二〇分で二倍、四〇分後に四倍、一時間たてば八倍、一時間二〇分で一六倍・・・ということです。大腸菌一個の重さは約 2 × 10^{-15}kg で、この重さが二〇分ごとに倍々になるというわけです。これがいかにとてつもない結果になるかは、一個の大腸菌から出発して、このまま倍々に増加していくと、地球の重さ 6 × 10^{24}kg になるまでにはどれだけの期間が必要かを見れば分かります。簡単な計算と対数表を使えば、答えはすぐ得られ、結果はなんと二日もかからないのです。生物のもつ生命力のすごさを垣間見る思いがします。

しかし実際には、大腸菌が一日かそこらで地球を埋め尽くすなどという話は聞いたことがありません。

なぜでしょうか。それは「環境が許せば」という前提条件が満たされていないからです。通常、生物は有限の空間と有限の食物で飼えば、いずれ食物を食べつくし、自分自身の排泄物のために生きていくことができなくなります。いい換えれば、資源枯渇と環境汚染によって死滅するのです。

そして現実の生物たちは、有限の空間（その最大のものが地球自体ですが）の中で、多様な種の棲み分けと〈食う食われる〉という食物連鎖を通じて、全体としては安定した閉じた生態系を築きあげてきました。それが統一された地球生命の全体としての本来の姿なのであって、人間も一生物種として、この生命の掟を超えることはできないのです。実際このことを暗示するおもしろい実験がなされています。今から四半世紀以上も前の研究報告ですが、極めて興味深いものがあるので以下に紹介します[5]。

フラスコの中の生態系

その実験とは、栗原康による次のようなものです。まず五〇〇ccのフラスコに十数種類の無機塩（リン、カリウム、カルシウム、ナトリウム、……）と〇・〇五％のペプトンを含んだ培養液を入れ、綿栓をして滅菌します。別途、竹の煮汁の入った瓶を野外にさらしておき、生物群集を自由に繁殖させ、それをごく少量フラスコに移植します。そしてこのフラスコを、一日のうち一二時間は蛍光灯で明るくし、一二時間は暗くして人工的に昼夜をつくり、温帯地方の温度に対応する二四℃に保っておきます。つまり外との物質の出入りはないが熱や光の出入りはあって、その点でこのフラスコは地球のミニモデルになっているのです（厳密にいえば、地球には隕石の落下等の物質の出入りがあるのですが、当面の議論

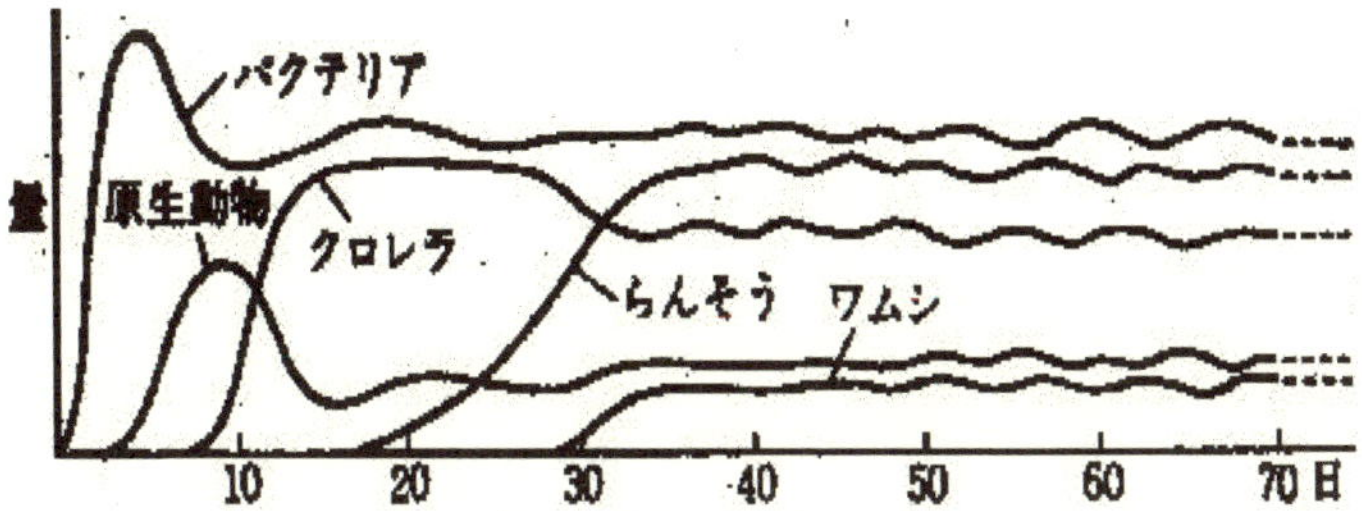

図3－2　フラスコの中の遷移（引用文献5より転載）

には本質的な影響はないので無視する）。

するとと三日くらいたって、まずはバクテリアの数がピークとなります（一ccの水にざっと八〇〇〇万匹）。その後、原生動物、クロレラ、らんそう、ワムシ（多細胞生物）の順に次々と最盛期が遷移し、一ヶ月を過ぎるころからそれぞれの個体数をほぼ一定に保ったまま半年以上にわたって同じ状態を維持するようになります（図3－2参照）。

それは、これらの生物からなる生態系が、捕食―被食、（排泄物の）生産、（排泄物による）抑制、競争、自己抑制といったプロセスが幾重にも絡み、全体として複雑なリサイクルシステムを作って共存するようになるからです。栗原は、この生態系を詳しく観察し、安定性にかんする注目すべき議論を展開していますが、それは第10章で改めて紹介します。ここでは、この図を見ただけでも引き出せるようにみえる重要な結論について、考えてみましょう。

この小さな地球＝フラスコ、の中には五種類の生物が共存していますが、いずれも最初は（その食料が十分にある等といった有利な環境の下で）爆発的な指数関数的成長をします。しかしその期間はそれほど長くは続かず、やがてピークを迎えて、他の生物種との食物連鎖を通じた共存関係を探っていくことになります。

さてここで、人間の場合はどうだろうかと考えてみましょう。人間も、生物の一種であるかぎり、この地球上で安定して生き続けようとすれば、最終的にはフラスコの中の生物たちと同じような人口動態となるべきではないでしょうか。というより、他の生物たちとの関わりの中で自ずとそうなって行かざるをえず、さもなくばやがてバランスを崩して、絶滅を含んだカタストロフィが出現することになるでしょう。実際、人類の数百万年間の狩猟採集時代においては、火の使用という重要な技術上の発明はありましたが、人口増加はめだったほどではありません。

では、現代人のこの爆発的な人口増は、はたして正常なのでしょうか、異常なのでしょうか。むろん、ここでいう「正常」とは、このままの増加が人類の何らかの破局を意味するのではなく、やがて安定した状態に落ち着くことを意味します。しかしそれを尋ねる前に、なぜこのような爆発的な人口増が可能であったかを見る必要があります。

フラスコとの類推を続ければ、フラスコの中の生物たちも、それぞれに最初は急激な指数関数的成長をしています。その理由は明らかです。まず栄養分のたっぷり入った培養液が（一時的に）外から与えられたからです。最初はバクテリアが、それらを食いつくしながら爆発的に成長し、次にはバクテリアを餌とする原生動物が急激に成長する…という具合に、やがて自力で、互いの半ば閉じた食物連鎖の関わりの中で、ゆらぎながらも共存しあえる状態を築きあげ維持するようになってゆきます。

人口増加の歴史

人類の場合の急激な人口増の最初の引き金は、いまからおよそ一万年前の農業革命に始まっています。過去数十万年の地球の気候をみると、この一万年間は奇跡的に安定した温暖期です（図1-2参照）。安定した気候の下で、季節が規則的におとずれることになれば、毎年決まった時期に同じものが採集できます。そうすればそれを栽培しようということになり、こうして生物的自然界の増殖の法則を意識するようになったに違いありません。いずれにしてもそれは、同一の土地で扶養できる人間の数に莫大な増加をもたらしたがために、質的に新しい種類の社会をも生み出しました。人間は定住するようになり、これまでの狩猟採集時代のように食料を探して回る必要がなくなりました。食料の剰余生産は飛躍的に増大し、大河の流域にはいわゆる古代文明も発生しました。

次に、さらに急激な人口増加がはじまったのが、ほんの二〇〇年くらい前の産業革命からです。産業革命がはじめて起こった手工業の諸分野での生産性の飛躍は爆発的ともいえるもので（例えば、綿製品の生産高は一七六六年から一七八七年の間に五倍にもなっている）、それが商業と農業と人口に及ぼした影響は同様に急激で決定的でした。

産業革命を率いたイギリスに有利であったものは、封建制と王制の両方の束縛が一七世紀の革命を通じて一掃されていたことと、従来のあらゆる文明の基本的燃料であり、また基本的構造材料でもあった木材の欠乏でした。後者は、燃料として質は劣るがはるかに安い石炭を使うことを発達させ、また構造用に値段は高いがはるかにすぐれた材料である鋳鉄を使うことの発達を強いたのです。とりわけ石炭を用いた蒸気機関が繊維工業の動力のために利用されるようになると、もとは別々であった重工業と軽工業の二つがよりあわされ、やがてイギリスを源にして全世界へ広がっていったあの近代工業の複合体が生み出されていったのです。

現在に至るまで引き続いているこの生産力の、したがってまた人口の、爆発的・指数関数的成長をうながしている物質的要因の中心は何でしょうか。それは石炭や石油といった化石燃料を動力として利用しはじめたという点です。松井孝典の表現を借りれば、ストック依存型段階の人間圏が出現するようになり、地球の物質循環の速さが変わった（彼の試算によれば一〇万倍速くなった）ということになります[6]。実際、エネルギー源として現在の主力である石油は二億五〇〇〇万年前につくられたものですが、人類はそれをわずか三〇〇年で使いはたそうとしているのです。

因みに、松井によれば、農業文明も含めたそれ以前の段階はフロー依存型といい、それは地球システムのもともとの（日射とか、降雨とかいった）物質・エネルギーの流れ（フロー）を利用するだけです。いずれにせよ、地質時代を含めて営々と貯えられてきた化石燃料を初めとした地球資源を、湯水のように使い捨てることによって、現在のグローバルな大量生産・大量消費の市場が作り出されてきました。

身近な例では、日本が高度成長に突き進み始めた一九六〇年の経済成長率は一三・二％で、現在中国では平均七〜八％という高成長を続けています。いま例えば、ある国で一〇％の経済成長率がつづいたとします。するとその国は、たった八年でＧＮＰ（国民総生産：年間に生産される財・サービスの総額）が二倍を超えることになります。このとき生産される物質、例えば車の生産台数が同じ成長率で上昇したとすれば、年間の生産台数が二倍になる八年目には、最初の台数の実に一三倍以上の車が出回っている（あるいは廃車になっている）ことになります。そしてこれが単に車の数にとどまらないことはいうまでもありません。原材料としての天然鉱物資源の消費量や燃料用の石油資源の消費量などがまた指数関数的な同様の増加曲線をたどることになるのです。

実際、著名な実業家や政治家、科学者などの国際的集まりであるローマ・クラブによる「人類の危機に関するプロジェクト」の下で一九七二年に出版された『成長の限界—ローマ・クラブ「人類の危機」レポート—』および一九九二年に出版された、その続編ともいえる『限界を超えて—生きるための選択—』では、さまざまな分野における指数関数的成長（訳は、幾何級数的成長）とその限界を議論しています。その中心が、世界人口と世界経済です。これらの指数関数的増加に伴って、世界の食料生産、エネルギー使用量、肥料消費量、工業化、再生不可能な天然資源の消費といったものが、同様な増加を示しているのです。

大量生産・大量消費・大量廃棄・大量宣伝

ところで、こういった世界経済の成長はやがて資源の有限性の壁にぶつかるという以外に、すでに数々の深刻な地球環境問題を引き起こしてきました。化石燃料の使用によって排出される二酸化炭素の濃度も指数関数的に増加し、焦眉の問題である地球温暖化の元凶のひとつになっています。イオウやチッソ酸化物などによる大気汚染の濃度も同様に増加し、酸性雨や喘息、肺がんなどの原因を作ってきました。

そしてさらに、大量生産・大量消費の行き着く先には、大量の廃棄物が待っていたのです。むろん日本の各地で公害が続出していたころ、すでに（法規制以前の）大量の廃棄物はありました。大量生産は必然的に、現場では大量の産業廃棄物を伴い、他方で大量消費を前提としています。そして大量消費はこれまた、最終的には大量の廃棄物をもたらします。あらゆる企業が、この生産現場で出る大量廃棄物を何とか有効利用できないかと知恵をしぼったようですが決定打には至らず、廃棄物問題は先送りされてきました。

現実には、廃棄物の（リサイクルも含めた）安全な処理方法というのは、確立されているというにはほど遠いという状況です。国や地域によっては、砂漠に穴を掘って埋める、出来るだけ焼却に回す、埋立処理をする、等々と実に様々な試行錯誤の段階です。しかも日本の現実は各地で不法投棄が横行し、大きな社会問題となり、法律が後追いしている状況です（これについては第13章で改めて扱う）。

そしてこの間にも（不法投棄はむろんのこと、合法投棄でも多くの場合）廃棄物による土壌汚染や地下水汚染が進んでいるのです。この中には、工場跡地の汚染も含まれます。これらはかつての大気汚染や水質汚濁に比べて、私たちの目にふれにくく、どこに出るか予測がつきにくく、また少量でも有毒であれば（長期にわたってそこに留まることになるので）いつ被害が生じるか分らないという特徴を持っています。しかもいったん汚染されれば、場合によっては回復に何百年もかかるというますます面倒な状況が生じています。

こうして問題は、決して解消されることなくますます厄介になっていき、雪だるま式に膨れ上がる一方です。

それなのに、私たち現代人の危機意識が低いのは何故なのでしょうか。このテーマについては、第6章で改めて扱いますが、ここではとりあえず次の事実に注目したいと思います。すなわち実は、世界人口の増加と同時に、一人当たりのエネルギー消費量も指数関数的に増加してきたのです。このことはとりもなおさず、人間の欲望（物欲）すら指数関数的に成長してきたといってよいでしょう。

実際、大量消費を加速させた大きな力に広告がありますが、この五〇年間で世界の宣伝費は二〇倍になったといいます。いまや世界最大の消費大国アメリカでは、一人が生涯に見るテレビコマーシャルは一七五万回、手にするダイレクトメールは四万通といいます。インターネットで瞬時に世界中にアクセスし、ジェット機で世界中を駆け巡ることができる「便利で快適な」生活をするようになり、「消費は美徳」と教えられた私たちが、資源消費が適正規模を超えているなどということを意識するのは至難のことかもしれません。

こうして私たちが現在享受している指数関数的「繁栄」は、地球環境の破壊と、他の多くの生物種の命を食いつぶすことによって、さらには私たちの子どもやそのまた子どもたちの身体を蝕むという犠牲の上に、ようやく成り立っているというのが実情でしょう。

4 止まらない核への欲望と、その汚染

第二次世界大戦終了まぢかの一九四五年七月一六日、ニューメキシコ州の砂漠で世界最初の原子爆弾の実験が行われました。このアメリカによる原爆製造開発の研究チームを率いていたR・オッペンハイマー博士は、爆発の一瞬を目撃したとき、古代インドの大叙事詩『マハーバーラタ』の一節を思い出したといいます。その一節とは、

私は死神、世界の破壊者だ

というものでした[7]。これは二〇世紀科学の最先端にいたひとりの科学者が、現代科学のもたらす地獄絵を垣間見た瞬間でしょう。

実は科学と科学者が、その時代の経済・産業・軍事の「発展」の本流のなかへ直接に巻き込まれるよ

うになるのは、二〇世紀になってからのことです。二〇世紀の科学活動は、その規模の大きさといい、科学上の発見が直接応用されるその速さといい、一九世紀までの状況とは根本的に異ってきました。とりわけ科学と生産過程全般との間の相互作用は、完全に意識的なものに変わってきました。

なかでも戦争は科学の意識的利用の最も際立った例です。一九三八年に発見された原子核分裂から、これまでの兵器の概念を完全に一掃させた原子爆弾（核分裂の爆発的連鎖反応を利用した爆弾）の実用化まで、わずか数年しか経っていないのです。一九四五年八月六日には、ウランを使った原子爆弾が広島に投下され、四〇万人以上が死傷しました。八月九日には、プルトニウムを使った原子爆弾が長崎に投下され二七万人以上が死傷しました。しかもこの科学上の発見から実用化までの数年間に支出された経費は、科学がそれまでの人類の歴史全体を通じて使ってきた金額よりも多かったといいます[8]。

さらにこの想像を絶する「威力」をもった兵器の開発競争が、大戦後も冷戦期を通じて激化しつづけ、一九八六年には過去最高の六万九〇〇〇発以上の核兵器がアメリカ、ソ連を中心に保有されるという状況が出現しました。ソ連が崩壊して冷戦が終わった一九九一年から数年間は着実な減少がみられたものの、それ以降の削減ペースは極めて緩慢で、現在地球上には二万七〇〇〇発以上もの核兵器（そのうち九六％以上をアメリカとロシアの二カ国が保有）が依然として存在し続けています。これらのうち、実際に配備されているのは一万六〇〇〇発強で、そのうち、数千発は即時発射体制にあるとみられています。威力にして広島原爆の一〇万発分に相当する核兵器が、三～四分のうちに発射可能な体制に置かれているという（アメリカのＮＧＯによる）報告もあります[9]。

このような事態がいかに狂気じみたことであるかということは、少し冷静になって考えれば直ちに分かることです。実際に核戦争が始まり、これらの兵器の使用が暴走すれば（戦争そのものが、暴走化の要因を常に秘めている）、敵味方の区別なく地球そのものが長期にわたって放射能で汚染され、人間を含めた生態系が幾世代にもわたって壊滅的な打撃をこうむるでしょう。戦時体制でなくとも、何らかの誤った情報やコンピューターの誤作動によって偶発的な核兵器の発射が起これば、取り返しのつかない大惨事に至ることは明らかです（一九六二年のキューバ危機のように、次も回避できるという保証は何もない）。しかもあろうことか、核実験を国家間の交渉の道具として使うという異常な国さえ現れています。これはすでに人類が自己保存能力のバランスを完全に失いつつある、という兆候ではないでしょうか。人類自らを破滅させる可能性をもつ核という兵器を開発・保持・配備しつづける、という状況は狂気以外の何物でもないでしょう。

しかもこの間、二〇〇〇回を越える核実験が実施され、大気と大地と海洋を汚染しつづけてきました。そしてあらゆる核開発の起点であるウラン採掘は、アメリカやカナダ、アフリカなど世界各地で生活している多くの先住民の核被害の犠牲の下に進められています。

マーシャル諸島の北西部にあるビキニ環礁はアメリカの核の実験場に「選ばれ」、日本の第五福竜丸の被爆を含めて、いまでも癒えぬ痛ましい被爆の傷跡を残しつづけています。多くの女性が異常妊娠で死にました。もっとも多く見られた出生異常は、骨のない「クラゲ状の赤ん坊」でした。他にも、頭が二つの子、ひざと片腕がない子、紫色のぶどうの房のような「子」等々。

さらに（長崎で使用された原爆をはじめとする）核兵器用プルトニウムを作りつづけた核施設の風下地域であるハンフォード（アメリカ・ワシントン州）では、過去五〇年ほど、ほとんどの家族にガン患者が何人も出て、流産を経験していない母親はひとりとしていないといいます。ある母親は眼球のない赤子を産み、別の奇形児を出産した母親は赤子と無理心中をした、等々。はたしてこれが地獄でなくて何でしょう。

では「核の平和利用」と銘打って、アメリカをはじめ先進国が競って乗り出した原子力発電の開発はどうでしょうか。過去最大のチェルノブイリ原子力発電所爆発事故から二〇年たった今も、立ち入り禁止区域（京都府に匹敵する広さ）の放射能のほとんど（九割）は地表に残り続け、人がいなくなって急増した野生動物の体内に蓄積されていることも分かってきました。

日本においても、ＪＣＯ臨界事故をはじめとした各種の深刻な事故やトラブル、はてはトラブル隠しがあいつぎました。現在、青森県六ヶ所村の再処理工場では(ウランの使用済み核燃料の再処理を行ってプルトニウムを分離・抽出する）試運転が始まり、資源エネルギー庁は高レベル放射性廃棄物処分場の募集も始めています。

しかし現時点では、原子力発電は使い物にならない、というより使ってはならない欠陥技術です。安全性も、経済性も、廃棄物の問題も何一つ解決していません。実際、現在運転中の原子力発電所はこの四半世紀、世界中で増えていないし、建設中、計画中のものは次々とキャンセルされてきました。これが欠陥技術であることの本質的な理由に関しては第Ⅱ部で扱います。

ここでは核兵器と原子力発電とはあくまで一体であり、原子力エネルギー利用を続けるかぎり核拡散も抑えられないという点を強調しておきたいと思います。というのは、原子力発電における、ウラン濃縮・原子炉・再処理は、もともと原子爆弾製造で開発された核の中心技術です。濃縮されたウランは広島型の原子爆弾に、再処理されたプルトニウムは長崎型の原子爆弾に利用できます。だからこそ「核拡散防止条約（ＮＰＴ）や国際原子力機関（ＩＡＥＡ）は、核兵器保有国による核技術と核物質の独占のためにある」ともいわれることになるのです。さらに最近では「核テロ」の脅威も高まってきました。

そんな中で、スリーマイル島原発の事故以来、原発新設を凍結してきたアメリカが原子力推進に方針を転換しました。他にイギリスも方針転換しました。最近の原油高や地球温暖化対策の必要性からともいわれ、世界では今後二〇年間で一〇〇基規模の新設が見込まれています。このような動きは、地球の未来にさらに大きな禍根を残すことになるでしょう。

そのアメリカが、「平和」利用のはずであったものを「軍事」利用に転化・開発していたあからさまな例が劣化ウラン弾です。それは、核燃料の製造過程で廃棄物として捨てられるべき放射性同位元素ウラン238（半減期は地球の年齢に匹敵するほど長く、有害なアルファ線を出し体内に入るとガンを引き起こす強い毒性をもち、鉄の二・四倍、鉛の一・七倍重い）を砲弾の芯に使ったもので、戦車などの分厚い装甲板を貫通するすさまじい破壊力を持ちます。

この生産を、アメリカはすでに一九七〇年代から開始していました。当時すでに全米で五〇万トンにのぼる核の「ゴミ」があり、何とこれを「リサイクル」しようとしたわけです。実際に劣化ウラン弾が大規模に使用されたのは、一九九一年の湾岸戦争を皮切りに、ボスニア戦争、ユーゴスラビア空爆、そしてつい先のイラク戦争においてです。ここで使用された合計四〇〇万から七〇〇万発の劣化ウラン弾の被爆により、被災地では死産・異常児の出産の多発や奇妙な皮膚病など各種の健康障害に見舞われ、また多くの欧米の従軍兵が放射線被爆による急性障害に似た症状を訴えています。

こうして二〇世紀中葉、世界戦争の只中から生まれた鬼子である「核」は、個々の科学者の良心などとはほとんど無関係に、いまや世界を翻弄する怪物となっています。

5 ミクロ世界の妖怪——二〇世紀が開いた非科学——

二〇世紀の科学・技術は、これまでとは全く異なるミクロ世界（ミクロな物質を扱う世界）の扉を開きました。ミクロ（micro）というのは、microscopic（微視的）の略で、肉眼では直接とらえることが出来ないほど小さい、というくらいの意味で使われます。これに対してマクロ（macro）という用語がありますが、これはmacroscopic（巨視的）の略で、通常、肉眼で見える大きさのものをいいます。物理科学でミクロ物質というときには、具体的には分子や原子あるいはそれ以下の大きさの対象を指します。

実はこれらミクロな物質が従う自然法則は、一九世紀までに確立したマクロな世界（私たちが日常経験している世界）の法則とは全く異質なものだったのです。ミクロ世界の法則があまりに奇妙なので、その解釈をめぐって多くの著名な物理学者や哲学者たちが悩み苦しみ、そして未だに、ある意味では共通の認識に到達していないのです。その話は第9章で改めて紹介します。いずれにしてもマクロな物質は結局は莫大な数のミクロな物質から作られているのですから、その点からいってもマクロ世界とミクロ世界の法則を統一した自然観、世界観を私たちは身につける必要があります。

ところが現実には、そのような厄介な時間のかかる努力とはおよそかけ離れたところで、市場原理や戦争原理の下で、あるいは学界の業績主義といった圧力にも押されて、手っ取り早く成果の上がる技術の開発が性急になされてきました。世界観の問題としては、これは従来の機械論の延長線上でなされ（このテーマは第Ⅱ部で扱う）、その結果あちこちで、およそ科学とは無縁な妖怪のような現象が出没し始めたのです。しかもこれが地球規模でなされるわけですから、場合によっては恐るべき反科学的な結果すら生じることになりました。

核の妖怪

すでに述べた原子爆弾はその典型的な例のひとつです。これは原子の中心にある原子核の反応を利用したものですが、原子核は原子のさらに一〇万分の一くらいの小ささで、超ミクロといってよいでしょう。この超ミクロな物質が、過去には存在しなかった想像を絶する超マクロな破壊作用を持つのです。超小さい物が超大きい作用を持つと聞いただけでも、何だかピンとこないと思われるでしょう。実際、戦時中「マッチ箱くらいの量で富士山が吹っ飛ぶような爆弾を軍が開発している」という話を聞きとてもびっくりした、と母が語ってくれました。そして科学者でさえ、もはや通常の直感で予想できない〈爆弾〉を、（政治家にとっては）一九世紀までの古典的な兵器のイメージの延長線上で、遮二無二開発していったわけですから、これひとつとってても人間がいかにとんでもないことをしでかそうとしているか分かるというものです。それはいってみれば、サルに鉄砲を持たせて原野に放つようなものです。

核の「平和利用」である原子力発電に関しては、例えば「科学者」は次のように説明するかもしれません。「核を形成する力は、私たちに身近な万有引力（私たちはこれによって四六時中、自分の体重を実感している）や電磁気的な力と違う第三の力、強い相互作用といわれているものです。原子核理論を理解するには、量子力学の知識が必要です。核反応で得られる莫大なエネルギーはアインシュタインの特殊相対性理論から導かれるエネルギーと質量の等価式によって与えられます。事故の場合によく問題になる放射線には、アルファ、ベータ、ガンマと三種類あって、ベータ線は第四の力である弱い相互作用と関係しています……」等々と。

しかしこのような説明を聞かされたところで、またこのような話がいかに正確なものであったとしても、専門的な知識を持たない人には何のイメージも湧かないでしょう。なぜなら、これらはマクロな日常生活とはおよそ接点のないミクロ世界の話だからです。そして住民が一番知りたい部分といえば、原子力発電所は、その近辺で現実に生活するものにとって本当に安全・安心なのかどうかということです。これに対して納得のゆくイメージを与えることは（現状では）できないでしょう。

なぜなら例えば、放射能漏れによる汚染から身を守ろうとしても、放射能には色もなければ、臭いもありません。マクロな物質を察知するように作られてきた私たちの感覚（例えば、視覚、聴覚、嗅覚、味覚、触覚という五感）は、その点では全く無力です。日ごろ鍛えた感覚や、昔からある生活の知恵など何の役にもたちません。せいぜいガイガーカウンターという特別のミクロ粒子検出器を購入して探知するしかありません。

ところがいったん事故ともなれば、いきなり想像もしてなかった被害が現実に現れ、私たちはますます狼狽することになります。こうなるともうマジックショウです。しかも放射能を含む廃棄物処理の問題も、トイレのないマンションといわれるように基本的な解決策がないままに、建設コストは膨大になるばかりです。まさに妖怪の出現です。

はたしてこれが現代科学の成果なのでしょうか。はたしてこのようなものが技術の名に値するのでしょうか。

「化学物質」

原子や分子のレベルではどうでしょうか。物質の基本単位である原子は、大きさがほぼ一億分の一センチで、原子核と電子から成り立っています。分子は一般に原子がいくつか集まって作られ、物質がその化学的性質を保って存在しうる最小の構成単位と見なされ、高分子のように数千から数万の原子から成るものもあります。むろん、個々の原子や分子は、私たちの目で見ることはできません。例えば私たちは、コップ一杯の水を飲むとき、特定の水分子（H_2O）に注目などしません、それは出来ない相談なのです。たとえ一滴の水でさえ、水分子が一〇〇〇億のそのまた一〇〇〇億倍個ほど集まっているのです。このぐらい集まらないと、私たちの目には映らないのです。

そのような原子や分子の明確な概念は一九世紀に現れてくるのですが、当時はあくまで化学という学問の世界においてであって、庶民の暮らしとはおよそ関係ありませんでした。私たちの日常生活の中に（原子や分子の概念をもとにした）「化学物質」というものが、どんどんと入ってき始めたのは二〇世紀、とりわけ第二次世界大戦後からです。というのはこの時期から、主要なエネルギー源が石炭から石油に代わり、石油化学工業が高度経済成長の原動力となるなかで、化学物質の使用が大幅に増大したからです。

いまや、過去に存在すらしなかった化学物質も次々と作り出されるようになってきました。さまざまな工業製品の生産工程で使用され組み込まれる各種の化学物質はむろんのこと、農薬、化学薬品、食品添加物、洗剤、化粧品等々、はてはダイオキシンのある種のように除草剤製造の副産物として生じたり、焼却施設から検出されるものもあり、ごく身近な日常生活のあらゆる場面に登場するようになりました。その数たるや、すでに二〇〇〇万種を超え、現在も、名前さえ知らない化学物質が九秒間に一種の割合で新たに作られ続けているといいます[10]。

さらに例えば、一九九二年にアメリカで生産された炭素系合成化学物質（これは合成化学物質の大部分を占める）の量は二億トンで、一人当りにすると七二六キログラムにも達しています[11]。地球上での総生産量はざっとこの四倍になると思われますが、これらの化学物質のほとんどについて、それが本当に将来にわたって安全であるかどうか全く分かっていません。有害化学物質の中で比較的詳細に研究されているものといえば、ＤＤＴ、ＰＣＢ、ダイオキシン等を含めて、せいぜい二〇〇から三〇〇種類にしかすぎないのです。

一度身近な日用品を一つ手にとって、そこに表示されている成分表をしっかりと見て下さい。例えばこれなんかどうでしょうか。「ポリオキシエチレンラウリルエーテル硫酸塩、コカミドプロピルベタイン、PEG17グリセリルココエート、ラウロイルメチルアラニンナトリウム、コカミドMEA、ジステアリン酸グリコール、ジメチコン、クエン酸、ポリクオタニウム－10、塩化ナトリウム、アルギニン、グアーヒドロキシプロピルトリモニウムクロリド、1,3ブチレングリコール、……」まだまだ続きますが、これは何の配合成分表だと思いますか。

ごく普通に売られているシャンプーです。これを見て、あなたは戸惑いませんか。しかも多かれ少なかれ、食料品も含めて日常の様々な品物には、表示義務によりこのような配合成分表がついて売られています。しかし個々の化学物質に関する理解ですら、専門家以外は（事前に調べなければ）まず無理でしょう。まして、このように羅列された化学物質の一覧を見て、安心・安全という感情を含めて、最終的には納得といった感覚に収束するような、あるまとまったイメージを持つことは専門家にすら困難なのではないでしょうか。

確かに、あらゆる物質はその分子レベルまで降りていけば、結局はさまざまな化学物質の集合ということになります。しかし私たちが必要とするものは、このような一覧表を見て、次の行動（買うか買わないか）を決定し、しかもその選択がそれほど間違っていないという確信でしょう。むろんそのために私たちも学習する必要があります。けれども私たちには、現代のように次々と登場してくる無数の新種の化学物質に反応し学習する時間など到底ありません。

本来私たちの感覚のみならず身体そのものが、数十億年という地球の自然史の中で試され作られてきたものです。そして現実に生じていることといったら、この数十億年の歴史とは全くおかまいなしに、莫大な種類の人工的な化学物質がばらまかれつつあるという事態です。これによって私たちの生態系を支えてきた背景自体が、急激に変化しつつあります。このことが個々の化学物質によって、あるいはそれらの間の複合的な相互作用によって、将来の人類にどのような影響を与えるのかなど誰にも答えることはできません。

例えば、私たちは動物であり哺乳類です。そして母乳というのは、乳児の成長に必要なものや、乳児を病気から守るものが実にバランスよく入っています（とりわけ初乳には体を守る免疫物質が多く入っている）。しかも未熟である乳児の消化や吸収、排泄の機能にかなっているので体に負担にならず、カスがほとんど出ない完全食です。なぜそんなに旨くできているのかといっても、そのようにして自然と生命の歴史の中で生き残ったから、としかいいようがありません。

ところがここに人工的な化学物質が入ってくるとどういうことになるのでしょうか。以前、母乳がダイオキシンで汚染されている可能性があり飲ませないほうがよいなどと報道され騒がれた時期がありました。現在はダイオキシンの規制がきびしくなっているので、それほど過敏になる必要はないといわれています。

しかし考えてみればおかしな話ではありませんか。ダイオキシンを出さないように、工場や焼却場や廃棄物処分場などであらゆる厳しいチェックを絶えずすることによって初めて、ようやく安心して母乳を与えることができるとは一体どういう世の中なのでしょうか（何たる非科学!-）。しかもダイオキシンの検査は大変にやっかいで、費用も一回で数十万円かかるというものです。さらにはいつまた、第二、第三のダイオキシンが発生するかもしれません。

ようやく一九九七年「マイアミ宣言」において、「世界中の子供が環境中の有害物の著しい脅威に直面している」[12]とされ、世界的に化学物質の健康影響を受けやすい存在である子ども達の問題がクローズアップされ始めました。

むろん子どもにかぎらず、ある種の化学物質に「異常に」反応する人もいます。「化学物質過敏症」といって誰にでも起こり得るものです。最初にある程度の量の化学物質にさらされるか、低濃度の化学物質に長期間さらされていったん過敏状態になると、その後極めて微量の同系列の化学物質に対しても過敏状態になる症状です。新築の家に入ったり新車に乗ったとたんに息苦しくなって飛び出す、といった話もよく見聞きします。彼らは身をもって私たちの未来を警告しているといえましょう。

しかし現状は、「便利な」化学物質が際限もなく「開発」され市場に出回り、そして相当の被害がでた後になって、ようやくその有害性や有毒性が判明するというパターンが続いています。しかもたとえ有害性が指摘され、先進国で使用禁止になっても、開発途上国では使用を続けるという例は後を絶たないのです（しばしば先進国の輸出によって!-）。そして一度市場に出回ってしまうと、その回収は困難を極めます。その最も典型的な例であるフロン（CFC）にこれを見てみます。

フロンは、従来冷媒として使われていたアンモニア、二硫化炭素（腐食性、毒性が強い）の替わりとして登場しました。その化学的安定性や、多くの優れた性質（不燃性、物を溶かしやすい、圧力によって液化しやすい、非爆発性、普通の金属を腐食させない、毒性がない等々）のために、「二〇世紀に生産された最良の化学物質」とも「夢の物質」とも呼ばれ、もてはやされました。冷蔵庫やエアコン等の冷媒はむろんのこと、各種の噴霧剤（化粧品、殺虫剤、ヘアー・スプレイ等）、発泡剤（クッション断熱材等の製造に用いる）、洗浄剤（光学レンズ、半導体等の洗剤に用いる）等として使われてきました。

発明されたのが一九二八年、初めて生産されたのが一九三〇年代、本格的な生産が始まったのが一九六〇年代です。

ところがこれが、はるか上空の成層圏で紫外線から私たちを守っているオゾン層を破壊しているということが次第に分ってきました。そのような論文が『ネイチャー』に発表されたのが一九七四年、そして実際にオゾン層の破壊（南極上空のオゾンホール）が発見され始めるのは一九八〇年代になってからです。

実はフロン（正式名称はクロロフルオロカーボン）は、その優れた安定性ゆえに、そのままで成層圏にまで到達し、そこで太陽紫外線によって分解され塩素原子を放出します。この塩素原子が触媒となってオゾンを破壊するのです。そしてその一連の反応の最後にまた塩素原子が生じ、これがまたオゾンを破壊します。一個の塩素原子が数千回もこれを繰り返すのです。さらにフロンは約百年間大気中に滞留するので、たとえフロンの生産が段階的に完全に中止になっても、フロンの大部分が消滅するのに数十年はかかることになります。

国際的なフロンの規制は、まず一九七七年に国連環境計画（UNEP）が調査事項にとりあげ、一九八五年に「オゾン層保護条約」を採択し、一九八七年秋にようやく具体的な規制内容を盛り込んだモントリオール議定書が採択され対策が推進されることになったのです。

しかし、この議定書には開発途上国での使用は認められており、代替フロン（HCFCやHFC）の開発もその強烈な温室効果（炭酸ガスの数百～一万倍）のため規制されつつあります。一部でなされている、すでに出回っているフロンの回収や処理の努力を尻目に、オゾンホールの規模は着々と拡大し、昨年は過去最大で、いまや日本の面積の八〇倍の大きさに膨れ上がっているのです。

自ら作り出した「化学物質」によって、次々と環境を汚染し窮地に立たされつつある人類を何と形容すべきでしょう。むろんこれは私たちの外の環境だけではありません。私たちの体内にも、二〇世紀初頭には存在すらしていなかった化学物質が約二〇〇〇種類も入りこんでいるといいます[10]。つまり、私たちの身体もまた汚染の格好の餌食になっているのです。最近では、食物連鎖による濃縮を考えて、あまり大きな魚は食べない方がよい、等というアドバイスに真剣に耳を傾ける人も増えてきました。

最も残酷な例は、未来の子どもを宿す母親の胎盤を通じて、メチル水銀が胎児に蓄積されて発生した胎児性水俣病かもしれません。数十億年の生命の歴史の中で創り上げられてきた、胎児にとってはまさに至福の場所であるべき子宮が汚染の巣窟と化していたという戦慄すべき事実を、私たちはどう受け止めたらよいのでしょうか。原田正純とともに水俣学講義を開始し水俣病を問い続けておられる花田昌宣は「科学的真理とかいう人に出会ったら、まず碌なことはいわない。付き合うのは止めといたほうがいいと思います」[13]とまでいいきります。そこには、汚染の予防ができなかったばかりか、逆に汚染の発生拡大に手を貸してしまったことになる現代の科学・技術に対する深い不信感があるのではないでしょうか。

実は先日、タクシーに乗っていて、そのカーラジオで小耳に挟んだ話に私はぎょっとしました。アザラシは環境汚染に弱くて、奇形児の出産がふえてきたが、それが第一子に多いというのです。確かに胎児性水俣病の場合もそうですが、母親がそれまでに蓄積した毒（メチル水銀）を第一子が吸収し、結果として、母親や第二子以下の子どもは水俣病から救われています。タクシーから降りる直前に、カーラジオの話し手は恐ろしいことをいいました。現在の環境汚染の影響は人間の場合も（アザラシと同じように）第一子に多く現れてくるようになるのではないでしょうか、と。

私は暗澹たる気持ちで車を降りました。もし、そのようなことが現実に実感されるようになってきたら、はたして若い女性たちは喜んで子どもを産んで育ててみようという気になるのだろうか。しかも未来は、彼女たちを経なければ、確実にやって来ないというのに。

遺伝子組換えという妖術

ビタミンＣの発見者であるＡ・セント＝ジェルジは、その著書『狂ったサル』で、第二次世界大戦における「一撃」の威力について語っています。彼によれば、この「一撃」の意味はまさに文字通りで、広島で爆発した最初の原子爆弾は、人類の生活がもはや以前のままではありえないということを体験を通して教えたというものです[14]。もしかしたら、そうかもしれません。はたしてこれ以後、私たちの思考や感覚は麻痺してしまい、何でもありの世界へ突入したのではないでしょうか。

最初の「一撃」から三〇年たった一九七五年、米国カリフォルニア州アシロマで、世界中から一四〇名の分子生物学者たちが集まり、初めて遺伝子組換え実験の危険性が国際的に議論される会議（アシロマ会議）が開かれました。あるレポーターは、この会議を「パンドラの箱会議」と名づけ、このとき分子生物学者たちは、ひょっとすると原子爆弾を作り出す前に原子物理学者たちが立っていたのと同じ崖っぷちに立っていたのではないかといいます[15]。

実は分子生物学の分野では、一九六〇年代の末から一九七〇年代の初めにいくつもの発明がなされ、それらがひとつになって一九七三年、人類は〈遺伝子組換えの技術〉を手にいれたのです。

よく引き合いに出される、この技術の説明は驚くほど機械論的で単純明快です。ワープロで文章の一部を切ったり貼ったりして編集するように、ＤＮＡというテキストを切り貼りするためのハサミとノリ、そしてコピーする道具が見つかったというものです。むろんこれらは分子レベルのミクロ世界の技術で、その道具の説明には分子生物学特有の用語が必要ですが（ハサミは制限酵素、ノリはＤＮＡリガーゼという酵素に対応する等）、処理手続きの形式的内容はワープロの場合と全く同じです。いずれにせよ、科学者や技術者は突如として遺伝子を片っ端から組み替え、自然界には存在しなかった遺伝子を作れるようになったのです。遺伝子組替え（ＧＭ）技術の重要性を火の発見に匹敵すると見た科学者もいます[16]。

一九七三年、Ｈ・ボイヤーとＳ・コーエンによる遺伝子組換え実験が成功するとすぐに、バイオハザード（生物災害）を懸念する大きな声があがりました。一年後には『サイエンス』誌に、後に「モラトリアム・レター」と呼ばれることになった書簡が送られ、ボイヤーもコーエンも署名しました。それは、組換え遺伝子の潜在的危険性がどれほどのものか判断できるまで、あるいは組み替え遺伝子の拡散を防ぐ適切な方法が見つかるまで、ＧＭ技術の研究はいっさい自主的に中断するよう世界中の科学者たちに求めたものでした。

ＤＮＡ二重らせん構造（どの染色体もＤＮＡ二重らせん一本の分子からできており、遺伝子はその一部）の発見者のひとりであるＪ・Ｄ・ワトソンも、この書簡に署名しましたが、後に「しかし、私はまもなく深い無力感を抱き、モラトリアム・レターに関与したことを後悔するようになった。……長いあいだ懸命に研究を続け、ようやく生物学の革命の入り口にたどり着きながら、私たちはみんなして後戻りしようとしていたのだ。……私たちは慎重なのだろうか、それとも臆病なのだろうか？　私にはよくわからなかったが、どちらかといえば後者であるような気がしはじめていた」[17]と率直に述べています。

そして一九七五年の「パンドラの箱会議」では、直接この問題に関係するようなデータはほとんどなかったが、マスコミや法律家も参加してさまざまな意見が出されました。最終的には、病気を引き起こさない細菌を使った研究は続けることを認め、哺乳類のＤＮＡに関する研究には高価な封じ込め設備を義務づける勧告がなされて終了し、各国はその内容を受けてガイドラインを作成しました。

その後さかんに議論はされたものの、例えばアメリカの場合、制限をずっと緩めたガイドラインとなり、一九七九年には、がんウイルスＤＮＡの研究を含むほとんどの組換え実験を認めるものとなりました。こうして、ワトソンにとっては「実際のところ、アシロマ会議での合意は、重要な研究を五年遅れさせ、多くの若い研究者の研究生活を五年間も妨げただけだった」[18]というものでした。

問題は、ではそれから二十数年たった現在、何が起こっているかということでしょう。実はＧＭ技術を用いた製品、とりわけＧＭ食品はアメリカを中心に、既に私たちの日常生活の中に深く入り込んでいます。しかもこの技術が特許と組み合わされ、市場のグローバリゼーションの下で、今やとんでもない状況が展開しつつあるのです。

現在、遺伝子操作が可能なものには何でも特許を与え、多国籍巨大農業、製薬企業などがこれらを私有財産として独占できる仕組みになっています。つまり、この技術は巨大企業の強力な儲けの手段となっているのです。なぜならこの技術は、ミクロ世界の極めて専門的な一連の操作から成り立っており、一般の人や普通の農家が簡単に実行できるようなものではないからです。さらに生物特有の細胞分裂による複製増殖を利用するので、莫大な量の同一物（クローン）の大量生産ができ（例えば大腸菌に取り込ませて培養する）、こうなればもう一大工業です。すでに、あらゆるものを対象に、ＧＭ技術競争と、特許申請一番乗り競争が始まっています。米国特許商標庁（ＰＴＯ）では、膨大な遺伝子データがＤＮＡシーケンサーで自動的に記録されるようになったため、特許申請の洪水が起きているといいます。

しかも、儲けるための手口も実に巧妙です。例えば、米国モンサント社（ＰＣＢやベトナム戦争で使われてた枯葉剤の製造メーカーとして有名）は、ラウンドアップという除草剤と、この除草剤に耐性をもつＧＭ農作物（大豆、トウモロコシ、ナタネ、綿、テンサイ等）を開発しました。これらの農作物は、ラウンドアップ除草剤を散布しても枯れず雑草だけが除かれるため、除草が簡便というわけです。そして農家は、この二つ（ラウンドアップ除草剤と当のＧＭ農作物の種子）をセットで買わなければなりません。おまけに、特許製品であるため、次の年には（農作物から種子が自然にとれるにもかかわらず）、新たに種子を（除草剤と共に）購入しなければならないのです。

こうしてＧＭ製品は農産物を中心に世界中に出回り始めていますが、とりわけ第三世界の人々への影響が深刻です。国際労働機関（ＩＬＯ）は、近い将来第三世界の職の最大五〇％が失われるだろうと予測しています。

さて、では自然や人体に対する影響という観点からみたとき、ＧＭ技術は何をもたらすのでしょうか。食卓に上る食物の半分以上がＧＭ食品であるアメリカは、抗生物質耐性菌が蔓延し、抗生物質が効かずに死亡する患者の多い国です。その原因は一般には、病院での抗生物質の多用と、家畜飼料への抗生物質添加だと考えられています。しかしＧＭ作物の登場も無縁ではないと指摘する研究者もいます。なぜなら抗生物質耐性菌による食肉汚染は、一九八〇年の調査では〇・六％にすぎなかったものが、ＧＭ作物が本格的に登場した一九九六年には二〇％に急増したからだというのです[19]。

いずれにせよ人体に対する未知の影響をとりあえず度外視したとしても、少なくともＧＭ生物が既存の生態系に侵入し（遺伝子汚染）、食物連鎖の重要なリンクを永久に破壊し、やがて世界規模の遺伝子侵食ともいうべき状況をもたらすことは十分考えられるシナリオです。そのような遺伝子の多様性が崩壊した状況で、きたるべき急激な地球気候変動（温暖化、氷河期、水不足等々）を迎えるなど、人類の自殺行為に等しいでしょう。そもそも遺伝子組換えが生命にとって何を意味するのか、といった問題は第Ⅱ部で扱うとして、ここでは遺伝子汚染が実際に起こっていることと、その厄介な特徴を最近の有名な実例「スターリンク事件」を通してみておきましょう。

スターリンクというのはアヴェンティス・クロップサイエンス社が開発した独自の殺虫遺伝子Cry9Cにつけられたブランド名です。この遺伝子を組み込んで害虫抵抗性を持たせたトウモロコシ（スターリンク・コーン）は、アメリカの安全審査で人体にアレルギー反応を起こす恐れがあるとして、人の食用には認可されず、その使用範囲は動物の飼料用または工業用に限定されていました。ところが、原則として分別流通しているはずのスターリンク・コーンが二〇〇〇年九月タコスの皮で発見されました。そのため、一億ドルの費用をかけて約三〇〇種のコーン製品の回収が始まり、農場や穀物処理施設から汚染コーンを抜き出すことになりました。一〇月には日本でも市販の菓子原料から検出されました。

当初、混入の原因は穀物倉庫や船倉で、ＧＭコーンと非ＧＭコーンを入れ替えるときに混ざるのだと説明され、掃除を徹底すれば問題は解決すると思われていました。しかしその後の調査で明らかになったことは、生育中のＧＭコーンの花粉が風にのって他の畑の非ＧＭコーンをも受粉させるという驚くべき事実でした。このことは考えようによっては、生物の本性に根ざした実に自然なことなのですが、非常に重要な警告を発していることになります。

つまり、いったん生じた遺伝子汚染を食い止めようとしても、場合によっては地下水汚染などよりもっと厄介だということです。なぜなら遺伝子は〈生きている〉ので、たとえ汚染源を絶ったとしても、このミクロな組換えられた遺伝子は、どこか人目にふれない所で増殖しつづける可能性を否定できないからです。スターリンク・コーンが何らかの食品の中から二度と発見されないという保証はどこにもありません。

そこで今度は、その規制をするのに〈パーセント（％）〉という数のマジックが使われます。例えば、ＥＵ諸国では、一九九六年にイギリスで確認された狂牛病問題を初めとした消費者の食品に対する不安から、ＧＭ食品に対しても比較的高いレベルでの審査、表示が要求されています。そして二〇〇二年には表示制度をさらに強化し「非組換え」表示の許容混入率をそれまでの一％から〇・五％と厳しくしました。これに対して日本では（醤油等の加工食品には表示義務がないのみならず）、五％未満の混入率の場合にはGM食品と表示する義務はありません。このようなパーセントの使用は、生物固有の増殖の特徴を考えたとき、場合によっては無意味というよりむしろ有害になってきます。四％混入というのは（日本では）遺伝子組換えでは無いことになりますが、実際には四％は確実に有るということを意味します。これがやがて一〇％、五〇％、場合によっては在来種を駆逐して一〇〇％になることは十分ありうることです。ただそれがいつかは分からないというだけのことです。むろんアメリカやカナダのように、GM食品を積極的に開発、生産、輸出し、規制がほとんどない国は論外ですが。

現実に起こっていることはといえば、例えば昨年、八月一九日、日本の食品安全部監視安全課は次のような報道発表をしました。「安全性未審査の米国産遺伝子組換え（長粒種）の混入について：本日早朝、安全性未審査である遺伝子組換え米（LLRICE601）が米国国内の商業用の米から微量検出され、市場に流通している可能性がある旨を米国政府が公表したことを踏まえ、下記のとおり対応することとしましたのでお知らせします……」[20]。この未認可の除草剤耐性GMイネ（LLRICE601）は、アメリカの穀物業者が抜き打ち検査をしていたときに、食品流通に紛れ込んでいるのを偶然見つけたようです。しかも輸出国である当のアメリカですが、農務省穀物検査食肉流通総局（GIPSA）は、LLRICE601の二％混入を一〇分で調べられる簡易テストキットを開発したと発表し[21]、その神経には驚くほかありません。つまり、二％以内であれば混入させてもよいと公表しているようなものではないでしょうか。

これはむろん氷山の一角です。そしてそれすら知らない人がほとんどでしょう。次々と非公開に「開発」は進められ、私たちが知らないところで、未認可のＧＭ製品が次々と混入しているのが実情のようです。例えば、アメリカは毎年一〇〇〇ものＧＭ作物の「野外での試験栽培」が行われていますが、それらがどこでどのようにどれくらいの規模で行われているのかについての情報は企業秘密により一切公開されてはいません[22]。

他方で私たちは事前の防衛手段もなく、いきなり事実を断片的に知らされるだけです。むろん事後でさえ、汚染の除去は実に厄介極まります。

ここ数年、私自身も四日市港から輸入されるＧＭナタネが運送トラックからこぼれ落ち、自生しているナタネナの抜き取り作業に何回か参加しましたが、ＧＭか非ＧＭかは外見からは判断できず、検査するには一検体あたり五〇〇〇円のテストキットが必要です。いずれこの汚染が収束してくれるのか、それとも拡散して取り返しがつかなくなるのか未定です。

こうなると、遺伝子組換えというは、科学や技術というよりも妖術に近いものを感じるのは私ひとりでしょうか。はたして人類はこの妖術によって、どこへ連れて行かれようとしているのでしょうか。

Ⅱ　「機械論」とその限界

本来は自然の一部であった人間がなぜ、自らの生存を脅かすほどの自然破壊をするようになったのでしょうか。このこともまた自然必然なのでしょうか。人間は他の生物とどこが違うのでしょうか。なぜ人間だけが地球規模の自然破壊をするのでしょうか。

ここではまず何故このようになったのか、という根拠を明らかにしたいと思います。それは、人間がある意味では、動物界から離れて人間になったことと深い関係があります。その点では必然性があるのです。それは道具の使用から現代の科学・技術を準備した道です。

やがてこの道は機械論的思考の枠組みを準備し、産業革命を経て人々を急速に機械論的発想に引き込むようになりました。現在この考え方の限界自体がますます明確になってきつつあることを明らかにしようとしたのが第Ⅱ部の後半です。

ただし第9章は少しとっつきにくいかもしれません。とっつきにくいと思われる方は飛ばして頂き、興味を持たれた方は付録も参照して頂ければと思います。

6 ヒト、人間、人間(ヒト)

現在の地球規模の環境問題が単なる一過性のものではなく、しかもその深刻さが増す一方であることは、すでに第I部で見た通りです。その原因、したがってまたその対策を考えるとき、その根底には人間の本質が深く関わっていることを見逃してはならないでしょう。なぜならここには、自然との関わりにおける、人間と他の生物とのあいだの決定的違いがはっきりと現れてくるからです。何よりもまずいえることは、現在のこの地球環境破壊の原因となっているのは、私たち人間の生産活動であるということです。

どのようにしてヒトは、他の生物と異なる在り方としての人間となったのでしょうか。なぜヒトだけが、自らの存在をも危うくするような環境汚染を引き起こす存在としての人間となることができたのでしょうか。

ヒトの進化

現在、地球上には実にさまざまな動物、植物、微生物などが生息していますが、その種類は、すでに述べたように一〇〇〇万種とも一億種ともいわれています。これらすべての種は、その身体自体（身体内的器官）の一部を遺伝的に変化させ、その前身である種から分化し、次々に出現してきたものです。そして、周りの自然環境や生物種相互の（食を中心とした）依存・共生・競争関係の下で、ある種は消滅し、他の種は新たな生息場所や食物連鎖内の地位を占め、これら全ての総体が地球環境とともに、単一の生命の歴史を形成してきたのです。私たちが「自然」というとき、通常意味するところの最大の具体例は（天体を除けば）、この全生態系を含む地球そのものでしょう。その意味では（少なくとも人間が現れるまでは）全ての生物は、いわば〈自然の中に埋め込まれていた〉といえます。

ところがこれまでのおよそ四〇億年におよぶ長い生命の歴史から見れば、最後の点のような部分で出現することになったサル目ヒト科の動物（現在は私たちホモ・サピエンスただ一種）だけが、いつのころからか、他の生物と全く異なる自然への適応を始めました。

それはどのような方法によるものでしょうか。

実はこの方法こそ、現代の地球環境問題発生と深い関わりがあるのです。それはヒトを人間にする原動力であったとともに、やがて他方で深刻な環境破壊へと駆り立てる、いわば原罪的要素をも兼ねるようなものでした。

まず生物としてのヒトも、その出発点では他の生物と何ら変わることなく〈自然の中に埋め込まれていた〉ことは間違いないでしょう。実際、およそ七〇〇万年前から、アフリカの各地でサルから進化したヒト科には、現在の私たちホモ・サピエンスに至るまでの間に約二〇種類にのぼる仲間が存在していたことが分かっています。私たち人類もまた、他の生物と同じように、絶滅と進化を繰り返すことによって出現してきた一生物種にすぎません。

通常、人間の特徴として、直立二足歩行、言葉の操作、道具の製作、火の使用、脳の著しい発達といったものがあげられますが、これらのうち最初に始まったのが直立二足歩行でしょう。これは生物としてのヒトを他の動物から区別する最大の形態的特長です。人類が誕生した当時のアフリカの環境は激しく変化していました。熱帯雨林で繁栄していた類人猿の祖先は、熱帯雨林の減少という大変動に見舞われたのです。彼らは変動する環境のもとで生き残るために、二本の足で歩くという戦略をとったようです。

しかし直立二足歩行というのはヒトの特徴ではあっても、(それだけでは)人間の特徴というわけにはいきません。これだけでは、サルやイヌあるいはカンガルーなどの足(手)の形態や機能の違いと同列の一生物としての特徴でしかありません。確かに、直立二足歩行によって前足が解放され、やがて現在のような複雑な社会生活に応じた働きができる手を獲得することになるわけですが、それは直立二足歩行が直接もたらしたものではありません(つまり、必要条件であったとしても十分条件ではない)。このことは、後足で立って歩くことのできる動物をいくら訓練しても、人間の手のような動きを前足にさせる(例えば指差し)ようにできないことからも明らかです。

次に、直立二足歩行をするようになったことで、私たちの喉(のど)には大きな変化が起こりました。

それは気管と口が直角に折れ曲がり、喉頭から口腔にかけて空間が広がるという変化でした。実はこのことが私たちの複雑な言葉の操作を可能にしたのです。というのは、私たちは声帯で振動させた音を、喉の奥の部分で共鳴させ、舌で制御して声を発しているからです。また最近の分子遺伝学の研究により、FOXP2と呼ばれる言語遺伝子（脳の言語を操る部分の成長に密接に関係する遺伝子）が発見されました。この遺伝子が言語に影響を与えるような現在のかたちになったのは、二〇万年前から現在までの間ということで、これはちょうど私たちホモ・サピエンスの進化の時期に重なっています。因みに三万年前に絶滅したネアンデルタール人（私たちホモ・サピエンスと三〇万年前に枝分かれした人類の最後の仲間）の化石からの復元によれば、彼らの喉頭の位置は現代人に比べて高く、気道がせまいということがわかっています。そこで、ネアンデルタール人は、私たちホモ・サピエンスのように複雑な言語をあやつることができなかったといわれています。

こうして言葉の操作の獲得には、直立二足歩行の獲得と同様に、遺伝子レベルの変化を伴った身体器官の変化が必要であったことが分ります。むろん、発声というだけでは（ヒトの特徴とはなりえても）人間の特徴というわけにはいかないのは、直立二足歩行の場合と同様です。これもまた、いくらオウムや九官鳥を訓練しても、人間のような言葉の使い方は不可能であることをみれば直ちに分かるでしょう。

身体外的器官の進化

さて、道具の製作や火の使用となると、身体器官の一定の変化を前提としつつも、これはもうもっぱら身体の外の物質の利用やその改変が中心となります。人間を指すのに「ホモ・ファーベル」（「工作する人」の意）という用語がありますが、これは動物と人間を区別する本質は物を作ること、とりわけ道具を作ることにあるというものです。実際はどうだったのでしょうか。

最近の調査によれば、タンザニアのオルドヴァイ渓谷で、およそ二〇〇万年も前の私たち人類の祖先（ホモ・エルガステル）が、動物たちの食べ残しの肉を食べていた証拠（骨髄を取り出して食べた残りと見られる、割れた動物の骨の化石）とされるものが発見されました。当時の石器はオルドヴァイ型石器と呼ばれる、石を割っただけの単純なもので、これでは肉食獣はおろか草食獣ですら倒すことはできません。当時はまだ、肉食獣の食べ残しや、木の実・草の実などを採集して食べるだけでした。しかしその後、石器を工夫・改良し、集団で獲物を追い、肉食獣から獲物を横取りし、やがて自分たちでも狩猟を始めるようになってゆきました。

この間、脳も巨大化し、二〇〇万年前において既に三〇〇万年前のアウストラロピテクスの脳のおよそ二倍に達していました。他方で、同時代人でもありながら草食に特化し絶滅していったパラントロプスの脳の場合には、アウストラロピテクスとあまり変わっていません。因みに、現在の私たちの脳の大きさはアウストラロピテクスのほぼ三倍になっています。

火の使用に関しては一二〇万年前の痕跡がアフリカで見つかっています。

ギリシャ神話によれば、プロメテウスが天上の火を人間に与え、ゼウスの怒りを買ったとされていま す。それほど火の使用の発見は人類史上画期的なことだったわけですが、この物語は極めて暗示に富んでいるので、もう少し紹介しておきます。

プロメテウス(「先に考える男」の意)とその弟エピメテウス(「後で考える男」の意)は、人間や他の動物が生きていく上で必要なさまざまな能力をさずける役目を神からおおせつかっていました。しかしエピメテウスは、それぞれの動物にさまざまな能力をもつ身体器官、例えば、飛ぶことのできる翼、引っかくことのできる鋭い爪、体を保護する固い殻、などあまりに気前よく分け与えたので、人間には与えるべき何物も残りませんでした。そこで兄プロメテウスに相談したところ、彼は天上から火をうつしとり、これを人間に与えました。そのおかげで人間は、他のすべての動物よりずっと優れたものとなることができたというのです。

実際、火の使用は暖をとるといったエネルギー源としての利用や、夜間に肉食獣などの敵を遠ざけただけではありません。それは道具の製作と相俟って、食物の調理、金属の溶融、煉瓦や磁器の燃焼といった化学変化をも可能にし、人間の生活環境を一変させたのです。

こうして人間以外の全ての生物は、その身体器官自体を遺伝によって維持し突然変異と環境への適応によって進化させますが、ひとり人間だけは、これとは全く異なる「進化」の方法を手に入れました。これこそ、他の生物と人間との根本的な違いの一つです。既存の経済学に警鐘を鳴らし生物経済学なるものを唱えたN・ジョージェスク＝レーゲンは、これを「身体外的な進化」という表現で説明しています。すなわち、

> 地上に住むあらゆる種のなかで、人類という種が持つ真に特異な性格は、それが**身体内的**な諸器官……の、このノロノロしている上に不確実でもある変異の様式を超越したところにある。ヒトはおそらく……存在の当初から**身体外的**な諸器官、……彼の能力を目覚しいやり方で改良することのできる取り外しのきく諸器官を、使い始めた。……現在までにわれわれは、分離しうる筋肉（自動車や列車）によってチータより速く走り、分離しうる翼（飛行機や宇宙船）によって遠く月までも飛び、分離しうる目（望遠鏡や顕微鏡）によって他の生物より遠くかつ正確に物を見ることができ、分離しうる頭脳（コンピュータ）によってかつて世界に知られた最大の数学者より幾百万倍も速く計算ができるなどである[23]。（強調はジョージェスク＝レーゲンによる）

ここでいう身体外的器官とは、広い意味で道具、あるいは現代では機器、といってよいものです。手の延長、足の延長、目の延長、耳の延長、脳の延長、等々としての道具は、ヒトの身体を離れた、生命をもたない機器です。したがってそれは、生命の進化史的な時間スケールとは関係ないスピードで「進化」させようと思えば、とりあえず「進化」させることができます。実際のスピードは、最初は徐々にでしたが、次第に急激に〈指数関数的に〉ピッチをあげてゆくようになりました。そしてその「進化」を極端にまで推し進めた総体が、現代の科学・技術の姿といえるでしょう。

ではこの「進化」のスピードを速めさせている原動力は何でしょうか。

社会的存在としての人間

道具は必ずしも人間だけが使っているわけではありません。その萌芽はすでに他の動物にも見られます。ラッコが貝類を割るために用いる石や、チンパンジーがアリ塚からアリを取り出すために用いる細い小枝など、よく知られています。しかし彼らの道具の「進化」のスピードは、人間の道具の場合とはおよそ比較にならないほど遅いといえます。

実は私たち人間を他の生物種から決定的に隔てているのは、その生物種としてのあり方ではなく、社会的存在としてのあり方です。生物的存在のヒトに関していえば、ヒトのゲノム（遺伝情報の全体）の解読が二〇〇三年四月一四日に完了しました。そして学者を含む多くの人々が、その結果に戸惑いを覚えました。というのは、そのＤＮＡ上には約三一億という塩基対がありましたが、トウモロコシには約二五億、小麦の場合は約一六〇億だったのです。またヒトゲノムの遺伝子数は約三万五〇〇〇で、その数はフグの遺伝子数とほぼ同じで、線虫と比較しても二倍にもなりません。つまり、遺伝子やゲノムのレベルでみたとき、ヒトは他の生物全体と何か決定的に違っているわけではないようなのです。

これに対して、人間の社会は、他の生物の社会集団とは全く異質です。そうさせている大きな理由のひとつに、人間特有の言葉の使用があります。これは複雑なコミュニケーションを可能にさせると同時に、人間の思考力をきたえる強力な武器にもなってきました。いずれにせよ、私たちがいかに社会的な存在であるかということは、例えば、私たち個々人の生きる目標や生きがいを尋ねたとき、その問にせよ答にせよ、私たちが住んでいる現実の社会との関連でしか考えようがないことひとつを見ても分かるでしょう。人間は社会の中で、組織の中で、他人との関係の中で、生きる意味を見つけて生きているのです。ですからむろん身体外的器官を「進化」させる、つまり道具を維持し改良するように圧力をかけているのも社会です。現代では、言葉や図面や文書などを使って、道具の維持や改良のための情報を、時間的にも空間的にも遠く隔たった人に伝達することができ（ネットを用いれば、地球の裏側まで瞬時に伝えることができる）、ますます「進化」はスピードアップすることになります。

では実際にはどのような「進化」の仕方をしたのでしょうか。人類の歴史をみたとき、「進化」のスピードを飛躍的に増大させた二つの大きな節目に気がつきます。一つはおよそ一万年前ころから始まった農耕・牧畜で、農業革命とも呼ばれます。もう一つはおよそ二〇〇年前ころから始まった産業革命を経て現代まで続いている、科学・技術による「進化」の時代です。

まず、一万年前に何が起こったのでしょう。それまで何度もおそった氷河期を含めて、過酷な気候変動の数百万年を生き延びてきた人類は、最後に暖かく安定した至福の一万年を迎えたのです。この時期に農業・牧畜を始めることができたのは、この安定した規則正しい季節の移り変わりから、農業や牧畜に必要な自然の法則をつかむことができたからといわれます。このとき初めて人類は、自然にあるものをそのまま取って食べる（狩猟・採集）のではなく、食料の計画的な生産活動を始めました。このとき私たちは〈埋め込まれた自然〉から一歩外に出たともいえます。人類は食べ物を追って移動することを止め、定住を始めました。やがて、自然の河の灌漑によって作物栽培ができる水の豊かな大河の流域では古代文明が出現します。しかもこの時代に文字も発明され、技術の保存は一層確実になり、遠く離れた見知らぬ人にも技術が伝達されるようになりました。このような社会における道具が、それまでの狩猟・採集時代の簡単な道具（石器時代における槍、矢、弓、等々）からどれほど巨大な「進化」を遂げたかは、現代の私たちの日用品と同種のもの（家具、衣類、食器、等々）が、すでにこの時期にほぼ出揃っているという点を見ただけでも分かります。

しかしこの時期は同時に、貧富の差や階級社会もあらわれたということに注意する必要があります。とりわけ、女性差別が世界中で普遍的に出現しはじめる（初期の農耕時代を別にして）ようになるのもこの時期からのようです。つまり、人間を支配するという現象、考えが始まったのです。

次に出現する大きな歴史の節目は、産業革命をへて現代にいたるまで途切れることなくつづいている、近代という時代です。この時期に、火の利用や農業という技術に匹敵する大きな発明がなされました。それは動力の利用です。初めは蒸気機関の発明で、まずは繊維工業の分野で、手による生産から機械による生産への決定的変化が実現しました。これは、火よりももっと密度の高いエネルギー源（石炭や石油などの鉱物燃料）から動力を引き出すことを可能にしました。私たちは現在もこの延長線上(飛行機・船舶・車など各種輸送用の動力、火力発電、等々）にいます。しかしむろん現代では、その資源涸渇や排気ガスの問題を伴いながらですが。

いずれにせよ次第に、科学・技術が、身体外的器官の「進化」を直接押し進めるものとして、全面的に意識的に活用されるようになってきました。だからこそ第I部でみたように、世界人口、経済活動、生産量、消費量、宣伝量、汚染量などが指数関数的な成長をするようにもなっていったのです。

人間（ヒト）としての存在

ところで現在問題になっているのは、この身体外的器官の異常な「進化」を可能にした科学・技術が、いまや自然の汚染・破壊に拍車をかけ、結果的に人間自身の身体（ヒト）をも危険にさらしつつあるということです。一言でいえば、現代の矛盾は、身体外的「進化」が「ヒト」を無視してきた結果ともいえます。むろん人間が生物の一種であることを止めることができれば、この問題はとりあえずは（他の生物のことは考えないとして）解決します。しかしそんなことは不可能です。私たちは食べます、排泄します、汗をかきます、呼吸をします、……これら全ては生物としてのヒトである証です。そこで私たちの本質は、社会的存在としての人間だけでも、生物的存在としてのヒトだけでも不十分で、本当の姿は〈人間（ヒト）〉とでも表したくなるようなものです。この表記は、「自己家畜化論」を唱えた小原秀雄が用いているものです。

では何故、ヒトを無視するなどという無謀なことができたのでしょうか。

それは私たちが、例えばロビンソン・クルーソーのように、直接自然に対置して生活しているわけではないからです。私たちは、直接的には自然ではなく、社会の中に生きているからです。日常生活、社会生活の中では自然の異常には気づきにくいものです。都会生活をしていればなおさらです。例えば、身体をおおう衣服をまとうことによって寒冷地でも生きていくことができます。（資源や費用の問題を度外視すれば）現在のようなエアコン付きの住宅では、寒冷地はむろんのこと熱帯地方でも快適な室内空間を作り、そこで過ごすことができます。私たちの日常生活の隅々まで、人間によって作られた道具で囲まれています。小原はこれを「カプセル化」と称しています。そこでこのカプセルの中でぬくぬくとこれらを享受できる人たちにとっては、とりあえず（天変地異でもない限り）自然の異変を気にしなくともよいというわけです。

しかしもっと根本的な問題は、私たちの身体やそれを支える周りの自然がおかしいとたとえ分かっても、私たちには方向転換することが極めて難しいということです。その理由はこれもまた、私たちは直接的には社会の中で生きているから、というものです。つまり自然が異常であると気づいても、社会で得ている生活手段と社会が求める思考パターンに、とりあえずは従わざるをえないのです。唯一残された希望は（まだ間に合うとすれば）、「人間が原因を作り出したのであるから、人間の力で解決できる可能性はある」という信念でしょう。まさに「現在の危機は、エネルギーの危機ではなくて英知の危機」[24]なのです。

さて、よくよく考えてみましょう。実際にここで、「進化」しているのは一体何なのでしょうか。個々の機器でしょうか。確かに機器は「進化」しているように見えます。例えば最近のコンピューター関連の機器のヴァージョン・アップはめまぐるしくて、私などとてもついていけません。しかし個々の機器がいくら変化しても、それだけでは「進化」にはならないでしょう。「進化」という表現には、進歩、発展、つまり、より肯定的な変化という内容を含んでいますが、何をもって、より肯定的というのでしょうか。するとここには、そのようなものと見なす私たちの目、私たちの考え方の枠組み、そのように判断している価値体系があることに気づきます。価値体系は人によって違いますが、圧倒的多数の人によって支持される（あるいは、支持されるように仕向けられる）価値基準は、その社会が持つ価値基準ということになります。私たちの社会の動きは、社会の持つ支配的な価値基準が肯定する方向へ向かって動いて行きます。それはまた私たちの思考を規定しています。

ですからまず、これに気づくことが出発点となるでしょう。

では、現在の私たちを駆り立てている思考パターンとはどのようなものでしょうか。とりわけ現代の地球環境汚染・破壊に対して無力であるだけでなく、結果的にその危機を助長するような思考パターンはどのようなものなのでしょうか。これが近代科学・技術の強力な推進者でもあった「機械論」です。ジョージェスク＝レーゲンも指摘する、経済学者たちが頑固なまでに執着してきたという、あの「機械論」なのです。

7　デカルトにみる近代科学の機械論的性格

現代世界を駆り立てている主要な思考形態としての機械論は、西洋近代に発しています。そこでは、経済（資本主義体制への移行）と技術（産業革命）と科学（近代科学）とがそれぞれに、いわば革命的変化をとげながら互いに影響を及ぼしあい、やがて一体となって成長してきました。とりわけ科学・技術は、世界を制覇し地球を支配するための強力な武器として、次第に意識されるようになってきました。実際二〇世紀の世界は、このような科学・技術の「発達」を抜きにしては考えられません。

例えば二〇世紀半ばにH・バターフィールドは、その著『近代科学の誕生』で、一七世紀、西ヨーロッパで生じた「科学革命」について次のように述べています。

物理的宇宙の図式と人間生活そのものの構成を一新するとともに、形而上学の領域においても、思考習慣の性格を一変させ…こうして、この革命は、近代世界と近代精神の真の生みの親となった[25]。

あるいはまた同じころ、J・D・バナールは

この「近代ヨーロッパで生じた」総合的な技術・経済・科学の革命は類例のない社会現象である。その終局的な意義は、文明そのものを可能にした農業の発見の意義よりさらに重要である。なぜならそれは科学による無限の進歩の可能性を内臓していたからである[26]。

と述べています。さすがに現代においては、これほどの近代科学礼賛は見当たらないようですが、それでも近代を推し進めた（思想の分野における）主要な牽引車に近代科学があったということは間違いないでしょう。

ここでは、現代における支配的な考え方としての機械論がどのような出発をしたのか、その一端を西洋近代思想の祖でもあるデカルトの機械論にまでさかのぼって明らかにしてみたいと思います。むろん近代の科学が起こって行く上で、ガリレオやベーコンにみる実験的・実証的精神、あるいは帰納法的手法なども決定的に重要な影響を与えています。しかしいま重要なことは、私たちが今もってその思考パターンの呪縛から解き放たれておらず、そのことが現代生じている地球環境問題の解決をいっそう困難にしているようにみえるという、そのような思考形態に焦点を当てることでしょう。その点では、その問題点とともに、その思考の深さと明晰さ、その影響力の大きさからいっても、やはりデカルトが最適

の人物と思われます。

物心二元論

デカルトは一六四一年、『省察』を発表しましたが、その詳しいタイトルは、一六四二年の第二版に改められて『神の存在、および人間の精神と身体との区別を証明するところの、第一哲学の省察』というものです。

この中でデカルトは、有限な実体としては、物体と精神という全く異なる二つの実在しか認めない「物心二元論」を説きました。すなわち、あらゆるものを疑っても（第一省察）、疑っている自分の精神そのものはその間存在しなければならない（第二省察）ので、物体（身体）よりもむしろ精神や神の方がより明晰かつ判明に知れるものとしました。

そこには生命の独自性が入ってくる余地はありません。デカルトにとっては動物も自動機械であり、人間ですらその身体の部分は自動機械なのです。その意味では初めから環境問題を扱いうる視点がなかったことになります。なぜなら環境問題とは、生命にとっての（とりわけヒトにとっての）環境が問題となっているからです。

けれども彼が物体を精神から実在的に区別する（第六省察）ことによって、自然学を精神や宗教から独立させ、形而上学的に確かな基礎を持った学として自立させようとしたことは、歴史的には極めて積極的な役割をはたしました。なぜなら、思惟でしかない主体（精神）が、それとは全く独立な、延長でしかない客体（物体）を認識するという二元論においては、客体（自然）を徹底的に機械論的に記述する道が開けてくるからです。実際その後、自然学は普遍的な近代科学として自立していきました。こうして、デカルトによる物体と精神の明確な分離（物心二元論）こそは、自然に対する近代の科学的探究の第一歩といってよいものです

しかしこれは自然（物質）の外に人間（精神）を置き、自然現象を外から眺めて扱うという視点でもあります。したがって人間（ヒト）に対する自然からの反作用も、とりあえずは意識の外に置くことになるでしょう。このことは、自然が圧倒的に大きい場合には第一近似としては有効かもしれません。しかし市場のグローバル化が進み地球の有限性そのものが問われるようになった現在では、到底受け入れることはできません。にもかかわらず私たちは、とりあえずは自分を外において、目の前の自然から得られるだけの利益を得ようとしています。そのことが結局は地球を汚染し、やがては自分自身に返ってくるなど考えもせずに。

次にデカルトは、（精神から独立した）自然については、中世を通じて支配的であったアリストテレス・スコラ的な自然観を排して、物質的事物の本質を「幾何学的延長」としました。なぜなら、例えば有名な蜜蝋の分析でも明らかにされたように、一般にある物体の色や香りや味といったような直接感覚に訴えるものは絶えず変化し、したがって到底その物体の本質たりえないと考え、そのようにして非本質的なものを徹底して取り除いていき、最後に残されたものが幾何学的延長そのものとなったからです。こ

うして自然学の対象は、第一義的には位置（場所）の変化としての物体の運動であって、これは（生得的観念であるとデカルトによってみなされた）数学を用いて、精神によってのみ把握できるものとされました。

デカルトのこの思想は、真空の否定や遠隔力を認めないといったいくつかの個別の事例は別として、そのタイトルからも伺えるようにニュートンの『プリンキピア』、すなわち『自然哲学の数学的原理』に基本的には受け継がれ、その後の物理学の路線を敷き驚くべき成功をおさめました。その路線とは、あらゆる現象を（適当な質量をもった）物体の位置の時間的変化によって記述するというものです。これによってニュートンは、それまで一五世紀以上にわたって（宗教上の理由からも）別々と信じられていた、地上の運動と天上の運動（天体の運動）を統一することに成功しました。こうしてシンプルな機械論であるニュートン力学が打ち建てられ、以後絶大な影響を多方面に及ぼすことになります。

現在用いられているあらゆる物理量の単位は、質量、長さ（位置の空間座標）、時間という三つの単位の適当な組み合わせとして表すことができます。このことが可能であるという事実は、とりもなおさず、物理現象（あるいは少なくともその認識）は基本的には物体の時間空間的変化に還元されるということであって、デカルトの慧眼に感服するほかありません。ついでにいえば、デカルトの例に出てくる色の違いは現在では、電磁波の波長（空間的間隔）あるいは振動数（時間的間隔）の違いとして、これもまた数量化されます。

要素への還元

他方でデカルトは真理を探求する方法を展開し、そのための四つの規則を一六三七年に出版した『方法序説』の第二部で簡潔にのべています。彼の方法論の核心は、単純な要素からの必然的帰結として複雑な現象を理解するという還元主義的方法で、そこでは「要素に分割する」（規則2）というプロセスが決定的です。これは、数学的・機械論的学問分野の対象には、現在にも依然として通用する近代性を持っています。複雑なものはまず要素にわけて、その要素を一つ一つ点検して、それからそれらの結果を合わせて考える等ということは、私たちがごく日常的にもやっていることでほとんどの人が違和感を覚えないでしょう（むろん、場合によっては、どのような要素に分けるかということ自体が極めて難しく、本質的な問題を含む場合もあるが）。

例えば自動車を理解するのに、各パーツに分けて、エンジン、車輪、ハンドル、燃料、等々を個別に調べて、最後にそれらを統合して全体を理解します。あるいは自動車の生産工程では、まず各部品が作られ、最後にこれら完成された部品を組み合わせて全体が完成します。こういった要素還元的な方法は、おそらく、現代のほとんど全てのテクノロジーの基礎になっているでしょう。人間の作業の大部分を機械でおきかえ自動化するオートメーションは、その典型です。

この方法の有効性は、マクロな熱現象をミクロな物質の平均的振る舞いで説明しようとした熱統計力学において、さらに驚くべきものでした。たとえば、熱の移動、温度、圧力といった熱現象で扱う概念ですら、当の物体を構成する原子や分子といった莫大な数のミクロな粒子のランダムな運動（またしても位置の時間的変化）に帰着できることが分かったのです。

そしてついに二〇世紀の物理学は、ミクロな対象そのものを扱うところまでやってきました。そこでこれまでとまったく異質な運動法則に出会ったことは、第5章の初めに述べたとおりです。ところがこの場合も日常目にするあらゆる化学変化については、ミクロなレベルにまで降りてゆきさえすれば、関係する構成微粒子の運動や空間的配置の変化に帰着されるという意味で、デカルトの路線は踏襲されました。先ほどのデカルトの例に出てくる、味や香りも、それらを担っている分子の運動、さらにはそれらの分子を構成している原子の空間的配置といったものによって、原理的に説明されるのです。

しかも、あらゆる（ウイルスを除く）生物は細胞という要素からできており、細胞といえども分子、原子からできています。二〇世紀後半のＤＮＡの発見と遺伝子工学への適用は、生命現象も結局は、これまた原子の集合体であるＤＮＡの物理化学的な作用の産物に帰着されるという考えを生み出しました。実際デカルトによれば、人間の身体も含めてすべての生物体は自動機械であって、その本質は他のすべての物体と同様、「幾何学的延長」というものだったのです。こうしてみると、マクロからミクロまで、物質（無生物）から生物までデカルトのプログラムは見事なまでに貫徹されているかのように見えます。

では一体何が問題なのでしょうか

考えてみれば、現在私たちが直面している問題の本質は、生命体（ヒト）としての人間にとって、地球環境がおかしくなってきつつあるのではないかという問題です。そして、デカルトの物心二元論で抜け落ちているのは、まさにこの生命の独自性です。彼にとっては、あるいは近代科学＝近代物理学の誕生にとっては、物質と精神の徹底した分離こそがまずは問題だったといえます。そこで、現在の私たちにとってはむしろ、デカルトが捨象してしまった部分こそがとりわけ重要になってくるのではないでしょうか。

実際には、それから二〇〇年して、ダーウィンの進化論が世にでました。そしてさらに一五〇年後の現在では「四六億年という地球史上で、（無機的）物質から生命が誕生し、その進化の過程で精神活動を営むことになる人間という種が出現してきた」ということはほぼ共通の科学的認識となっています。したがって、物質と精神は生命を仲立ちとして、物質↓生命↓精神というふうに歴史的に形成されてきた関係を持つことになり、これだけでもデカルトの物心二元論には限界があることが分かるはずです。

そこで、二〇世紀におけるデカルトのプログラム、機械論は本当に成功しているのか、さらに詳しく検討する必要が生じます。

8　二〇世紀機械論の破綻

近代科学はデカルト、ガリレオ、ニュートン、ボイルたちの機械論的自然観の下に出発し、産業革命を経て、単に自然を認識するためというだけでなく、技術を介して自然をコントロールし、人間の生活に大いに役立つものとして意識されるようになってゆきました。一九世紀に入り蒸気機関の実用段階から電気の時代へと移り、さらに現代私たちは車やコンピューター、バイオテクノロジー、ナノテクノロジーなどに取り囲まれています。そしてこれら個別の対象に適用された機械論的方法は、一面では極めて有用な生活手段を提供しています。

ここで機械論という用語はかなり曖昧に使っていますが、一応、「力学的な原因のみによって作動する機械からの類推で説明しようとする考え方」とでもしておきます。人によって、その強調する側面は多少異なってきます。

例えば「部分は全体から切り離して扱うことができ、全体はその部分の和とみなせる」という類の「要素還元論」を強調する場合があります。これは「一たす一は二である」という論理に基礎を与えるもので、量的に扱える個別の事象に対しては広く成り立っていることが分かります。個々の部品を組み合わせれば完成した製品ができあがるという、工場における流れ作業などはその典型です。

あるいはまた「対象の時間的変化は一意的に決まっている」という「決定論」を強調する場合もあります。これは原因と結果とが一意的に対応していることを意味し、あらゆる機械の基礎になくてはならないものです。正しく操作しさえすれば、誰が操作しても同一結果を得るようになっていなければ、まず機械として使えないでしょう。

一般に機械論的説明は、通常の物理・化学的理解が可能な部分に関しては極めて有効です。だからこそ人間は、そのような理解を通じて道具や機械を作ることができたといってよいでしょう。そしてこの物理・化学的説明を他のあらゆる現象、とりわけ社会現象や生命現象にも拡張して適応しようという態度が機械論なのです。生命を持ったものをどこまで物理・化学的に説明できるかは、現代においても大きな学問上の論争のひとつです。しかしここで焦点をあてたいのは学問上の論争点ではなく、基本的に現代社会を動かしている主要な考え方はどのようなものであるか、という点です。

かつて生命を持つものの営みは無生物界の法則には従わず、有機化合物（有機体の産物）は生命の助けがなければ作り出せないという考えがかなり一般的でした。しかし一八二八年F・ウエーラーは、シアン酸アンモニウム（無機化合物）を熱すると尿素（体内で分解された蛋白質の最後の生成物）に変化することを発見しました。つまり、生体外でも無機化合物から有機化合物を人工的に合成できることを示したのです。現代では生物を含むあらゆる物質が、原子や分子などといった同じ種類の要素的微粒子からできていることが分かっているので、機械論の考えは一見強固な根拠を持っているかのようにみえます。

事実この思考の枠組みは現実世界を動かすゆるぎない力として定着してきました。これがどれほど強固なものであるかは、それと乖離するかに見える、ミクロ世界の現象に出会った二〇世紀の物理学をもってしても、これを打ち破ることはできなかったことにもよく現れています。これについては、次章で改めて取り上げます。

しかしここで、明らかにしたいと思っていることは、この機械論が現実の個々の領域における操作に成功すればするほど、他方で環境問題などの矛盾が大きくなってゆき、ついにこの地球環境の破綻が生じ始めたのが二〇世紀だということです。

市場のグローバル化と機械論

まず二〇世紀後半には、重化学工業などの急激な展開をへて、人間による活動が背景としてのトータルな地球環境そのものを致命的に変えうるほどに成長したことは第I部で見た通りです。いまや私たち自身が、私たちの生命活動を足元で支えているその土台そのものを変化させ切り崩す（温暖化、水不足、大気汚染、水質汚濁、地下水汚染、土壌汚染、等々）という、およそまともな神経では考えられない光景が出現しつつあります。

なぜでしょうか。

その背景にある基本的な考え方は「個々の生産活動では、環境について（第一義的には）考える必要はない。すなわち廃棄物を含めた他の物質の流れや人間を含めた生態系との調和などというものから切り離して、とりあえずその生産に直接関係する部分のみを考慮し利潤を追求してよい」という機械論的発想です。むろんここには、将来の孫子の世代に対する配慮もありません。

さらにこのような発想は生産現場に特有なものでもありません。現在のような専門分化の激しい状況で研究者が業績をてっとり早くあげようとすれば、どうしても自分の専門領域を狭め、他の分野との関連に興味を持たなくなる傾向がでてきます。ですから、宇井純もいうように「公害は専門の隙間から生じる」のです。

しかも汚染などの懸念があっても、因果関係が明確な決定論的議論（機械論的対応）ができずに曖昧にみえるものは、考慮の範囲からはずし、およそ時間をかけて慎重にためしてみるなどということはしません。

しかしながら十分考えてみれば、これはおかしなものです。というのも、私たちは自分たちが生きるために生産や研究活動をするわけですから、自分たちの生存を危うくするような活動をするなどということは、およそナンセンスです。

けれどもこのナンセンスは実行されています。何がそれを可能にさせているのでしょうか。それは例えば生産と消費が別、つまり別人による、別地域における、別国においてなされる、等々というこの社会のあり方です。そして、これに拍車をかけ、これを頂点にまで推し進めたのが、市場のグローバル化でしょう。もし、（かつての村のように）生産と消費が地域ごとにゆるやかに閉じていれば、その地域の生活者は、その地域の生産者でもあり消費者でもあるわけで、彼らにとって生産活動で生じる廃棄物や汚染は最大級の関心ごとのはずです。

現在では生産者と消費者との間や、生産地と消費地の間には何ら人間的なつながりがないのが普通です。むしろ人間的関わりを持たない方が利潤追求にとっては合理的という考えすらあります。

数年前に、水俣病の研究のために組まれた学者グループのツアーに参加しましたが、このとき、チッソ水俣工場で見た光景を今でも忘れることができません。

工場内の最新式のホールで、水俣工場の歴史について三〇分ほどの映画を見ました。明治以来、日本の化学工業を開拓しリードしてきた姿を中心に描かれているのですが、驚いたことに水俣病の「ミ」の字も出てこないのです。上映後さすがに堪りかねて、参加者の一人が「どうして、水俣病のことが一つも出てこないのですか」と聞きました。それに対する工場長の答は驚くべきものでした。曰く、「私もおかしいなと思っているのですが、なにぶん当地に赴任して未だ半年しか経っていないので、よく分かりません」。これには一同唖然としました。

人間の感覚の働きはマクロな領域に属していてミクロなものに対しては通常無力ですが、地球規模といった超マクロなものに対してもほとんど無力です。例えば一般に、自分にとってごく親しい誰かがそこに住んでいるというような事情でもなければ、地球の裏側の人々のことを日常的に切実に思いやりながら暮らしている人はまれでしょう。ですから市場のグローバル化によって開発競争が地球規模で推し進められても、通常の私たちは日常の身近な利害感覚のもとで生活を続けようとします。そこでこの開発競争が激化すれば、地球環境は有限なのですから、私たちが知らないうちに早晩これが破綻をきたすことは十分ありうることです。

しかしこの破綻は、同時に世界中を襲うわけではないでしょう。他国を経済的に支配している国は、破綻による被害を他国に押し付け、しばらくの間これを先延ばしできます。地球は無限とまではいかなくとも、まだ十分広いという幻想にしばし浸ることはできます。そのためにまたもや、近代兵器の開発や「科学・技術」が総動員されます。結果的に、地球全体としてはますます破綻に拍車がかかり、手遅れになる事態もより早く来ることになるでしょう。

かつて私たちは、自分たちの生活が他の人たちの生活と、さらには周りの生物や自然と深く関わりあっていることを実感しながら生きていました。市場のグローバル化は利潤追求という単一の尺度で、これらをなぎ倒しつつあります。地域ごとの生態系の多様性、人々の暮らしの多様性とそこで育まれる人間関係、農産物の多様性等々、これら長い年月をかけて形成されてきたあらゆるものが、次々にバラバラに解体されつつあります。代わりに登場してくるのが、自分の生活を他人や他の生物や自然とは切り離して考えるという機械論的な発想です。

こうして、部分（個人）を全体（地域、生態系、地球など）から切り離し、その場しのぎの個別の利害に基づいて競争し・行動するという思考パターンと、その考えに基づいた「便利」で「快適」なライフスタイルが定着してゆきます。近年、日本中いたる所で問題にされている、地域や学校や家庭の教育力の崩壊、いじめや自殺やニートの増加、はては親殺し・子殺し等々の一連の現象も、これと無関係ではないでしょう。

核開発と自然の階層

二〇世紀の破綻した機械論を考えるとき、避けて通れないものが「核開発」に道を開いたという事実です。二〇〇一年九月一一日以降は、核テロという脅威にも翻弄されるようになってきました。

もともと核反応は、それにかかわるエネルギーが化学反応に比して、要素過程あたり一〇万倍とか一〇〇万倍といった桁違いの大きな値が得られるという事実の発見から始まっています。どうしてそのような大きなエネルギーが得られるのでしょうか。

まず物質を構成している原子は、真ん中にプラスの電荷を持った原子核と、その周囲を取り巻くマイナスの電荷を持った（原子番号と同じ数だけの）電子から成り立っています。この原子核と電子たち、あるいは電子と電子の間には電磁的な力が働いています。

燃焼をはじめとして通常私たちの目に触れるあらゆる化学反応は、真中の原子核は不変にしたままで、その最外殻の電子の運動によって、原子どうしが互いに離合集散して各種の分子を形成する結果です。こうして地上で私たちが目にする千変万化の現象が繰り広げられるのです。食物の消化や吸収といった私たちの身体内で生じている化学変化も全く同様です。その限りにおいては、ここでは古代ギリシャの原子論の予想通り、原子（より正確には原子核）は分割不可能であって多様に変化する現象の背後に存在する不変な実在です。あるいは、原子核が不変であることによって、私たちの変化極まりない日常世界の物質の安定性が保たれているといってもよいでしょう。例えば、水素と酸素は点火すれば爆発的に反応して水となりますが、この水を電気分解すれば再び水素と酸素が得られるという具合に。

次に原子核ですが、原子核と原子とがいかに異なるかということを、まず大きさの比較から見ておきましょう。実際の原子の大きさはおよそ10^{-8}センチ程度で、原子核の大きさはおよそ10^{-13}センチです。つまり原子は原子核の約一〇万倍の大きさを持っています。この場合、原子の大きさとは、（点電荷とみなされる）電子が運動している範囲です。そこでもし、原子核が直径一センチのビー球くらいだとすれば、電子はこのビー球を中心に約一キロメートルの範囲を運動していることになります（したがって、中学や高校の教科書に出てくる原子構造の図は極めて不正確）。これだけでも、核のレベルの現象と原子・分子のレベルの現象は、質的に異なった別世界の現象であることがイメージできるでしょう。このように自然は階層構造を持っています。

では核反応というのはどのようなものでしょうか。それは、原子の中核をなしている原子核そのものに他の粒子（中性子や電子や他の原子核など）や光子が衝突したときに起こる現象で、一般に元の原子核とは異なる原子核が現れます。この現象は化学反応に関わる〈電磁的相互作用〉とは全く異なる〈強い相互作用〉によるもので、通常このような反応を私たちの周りで目にすることはありません。実際、核反応の主要舞台は（宇宙線や天然の放射線との物質の衝突を除けば）生命の存在が許されない高温高密度の（太陽をはじめとした）恒星の内部であって、ここでは化学反応とは質的にまったく異なる現象が生じています。その一端を示すものが、反応エネルギーの桁違いの大きさです。

化学反応に関係する要素的なエネルギーをみると、例えば炭素原子一個と酸素分子一個が結合して二酸化炭素一分子が生じる（炭素が燃える）場合、その燃焼熱は数エレクトロン・ボルト（一エレクトロン・ボルトは、電子一個が一ボルトの電位差で得られるエネルギー）です。これに対して核反応に関る要素的なエネルギーは、例えば重水素二個が核融合して三重水素一個と水素一個になるとき放出されるエネルギーは数メガエレクトロン・ボルト（メガは一〇〇万倍）で、化学反応のおよそ一〇〇万倍程度です。原子核はエネルギー的には鉄が一番安定した状態で、鉄より小さい原子核は融合するとき（核融合）エネルギーを出し、鉄より大きい原子核は分裂するとき（核分裂）エネルギーを放出します。原子爆弾や原子力発電所では、ウランやプルトニウムの分裂を利用し、水素爆弾は核融合を利用します。いずれにせよ、核反応は化学反応の数百万倍といったエネルギーが（要素的なプロセス毎に）放出されます。

ここでオヤッと思われる方がいるかもしれません。どうして、小さい方がエネルギーをたくさん出すのであろうか、数値からいってもちょうど逆なのではないか…と。確かに直観的に考えれば、小さいものからは小さい力、大きいものからは大きな力とイメージしたくなります。ところが、ミクロ世界の法則である量子力学は、しばしば私たちの日ごろ持っている直観的なイメージを拒否します。そこが後述するように、物理・化学の領域においても出てくる機械論の限界なのです。例えば量子力学から導かれる不確定性関係によれば、一般に、粒子を狭い範囲に閉じ込めようとすればするほど（粒子の位置測定の不確定さを小さくしようとすればするほど）、その粒子のランダムな運動は激しくなります（運動量の不確定さが大きくなります）。したがって、原子核というごく狭い領域に核子（原子核を構成する中性子や陽子）を閉じ込めるように働く核力は、それだけ強いものでなくてはなりません。そして逆に、そのような核の分裂や融合によって引き出されるエネルギーも、それだけ大きくなることになります。その値が、化学反応の一〇〇万倍、一〇〇〇万倍というものです。

ところで、違いはエネルギーの大きさという量的なものに限りません。いったん核反応を無理に人工的に起こせば、一般には放射性同位元素を生成し、それは放射能を出しながら崩壊を繰り返し始め、もはやそれを人工的に止めることはできません。例えばウランを燃料とした原子力発電所では、約二〇〇種類の放射性物質が混ざった廃棄物「使用済み燃料」が出ますが、この中には人類史上最悪といわれる毒性を持ったプルトニウム239も混じっています（その量は、一〇〇万キロワットの原発の場合、一般人の年間摂取制限値の八四兆倍）[27]。しかもその半減期（放射能の強さが半分になるまでの時間）は二万四〇〇〇年以上です。

確かに使用済み燃料からプルトニウムを取り出し、これをもう一度燃料に使うという「リサイクル」話もあり、実際日本でも青森県の六ヶ所村で再処理工場が試運転に入っています。しかし実は、この「再処理」には大変なエネルギー、大電力を必要とします。さらにまた、そのための放射能による環境汚染という問題が、イギリス（セラフィールド）やフランス（ラ・アーグ）の再処理工場で発生しており、子どもたちや労働者のがんや白血病が多発しているのです。

つまり核開発というのは、放射能汚染などというかつて人類が経験したこともない、とんでもない厄介なものを背負い込むことになったのです。なぜこのようなことになったのかという少なくともひとつの理由は、核の安定性を背景として各種の化学反応が織り成すこの私たちの生命現象の世界で、核そのものを壊すという、自然の階層性を全く無視した「開発」を始めたからです。それが恐るべき環境汚染をもたらしつつあることを、私たちはようやく自覚するようになってきたのです。

最後に付け加えたいことは、一見逆説的に聞こえるかもしれませんが、実は私たちの主要な生命活動の究極のエネルギー源は太陽の核反応エネルギーだという事実です。すなわち、太陽のこのエネルギーを利用して炭酸ガスと水とから有機物を合成する植物の働き（光合成）こそ、食物連鎖を通じた地球上の一切のエネルギーの主な源泉です。しかし、よくよく見れば、私たちと太陽とは、一億五〇〇〇万キロメートルの宇宙空間によって隔てられています。しかもオゾン層によって生命に有害な紫外線がさえぎられ、こうして十分弱まり無害化された太陽エネルギーが大気圏、水圏によって保護された地上の生命圏に降りそそぎ、光合成を介して生態系のエネルギー源となっているのです。しかもこのような環境は、地球と私たち生命体とで四〇億年をかけて共に築きあげ微妙なバランスのもとに現在に至ったものです。

こうしてみると、このような歴史的に形成された生命の営みや、生命にとって極めてデリケートな階層の質的差を無視して、エネルギーが大きいからという単純な量的発想で、いきなり核反応のエネルギーを地上で直接大量に利用するなどという（兵器の場合はむろんのこと、たとえ「平和利用」といえども）安易な機械論的発想が、いかに無謀でグロテスクで非科学的であるかがよく分かるでしょう。しかもそれが、一見科学の衣をまとって登場してくる所に、見逃してはならない機械論の落とし穴があるといえましょう。

遺伝子操作と生命の意味

二〇世紀後半からめざましい勢いで「発展」しつづけ、いまやヒト・ゲノムの解読も終わり、ポストゲノム時代に入ったといわれる新バイオテクノロジーは、潜在的には極めて危険で重大な問題を孕んでいます。それは個々には核開発ほどの巨大なコストはかからず、また現在までのところ直接的被害が見えにくい分、余計に厄介です。ここでは、生命そのものの意味との関連という原理的な側面に焦点をあてて考えてみます。

二〇世紀のミクロ科学は、生命を持ったものも無生物と同じ原子や分子によって作られ、生命の遺伝や成長の情報を担う遺伝子といえども最終的には多数の原子の配列によってその構造がきまる、ということを明らかにしました。そこで新バイオテクノロジーの中心であるＧＭ技術というのは、機械の部品の取り換えさながら、遺伝子そのものをあれこれと組換えてみようというわけです。これは、原理としては極めて分かりやすい機械論であり、生物を自動機械とみなすデカルトの考えを、生命のミクロレベルにまで徹底させたとみなすこともできます。機械の場合は、任意に部品の交換ができ、それによる改良、コントロールが可能です。機械自体はそれ以上でも、それ以下でもありません。しかし生命を司る遺伝子の「部品交換」という操作はどうなのでしょうか。これに関して、J・D・ワトソンは

……一九五三年に二重らせんが発見され……従来は神だけが持つと考えられていた力が、いつか私たちのものになるかもしれないという考えに根拠が与えられたのだった。今日私たちは、「生命」とは、互いに絡み合った膨大な化学反応の体系にほかならないことを知っている。そしてその絡み合いの秘密は、私たちのＤＮＡの中に、これもまた化学の言葉で書き込まれた、途方もなく複雑な指示書のなかにある[28]。

と断じています。しかし、「そのように断じてもよいではないか。何か問題があるのでしょうか」と問うことも可能でしょう。そこで実際に行われているプロセスの概要を見てみましょう。

例えば作物（トウモロコシや大豆など）に除草剤耐性や害虫抵抗性を持った遺伝子を組み込むとします。必要な遺伝子の多くは土壌細菌のＤＮＡから得られますが、細菌など原核生物と植物のような真核生物とでは遺伝子のスイッチであるＤＮＡ内のプロモーター配列が違うため、目的の遺伝子（外来

遺伝子）を単独で組み込んでも細胞内で機能させることはできません。そこで外来遺伝子を働かせるために、さまざまな生物の遺伝子の断片を継ぎ合わせた「モザイク遺伝子カセット」を宿主の作物細胞の染色体に組み込む必要があります。これが組み込まれる場所と個数はあらかじめ決めることはできず、ランダムです。そこで最後に、外来遺伝子挿入による数千個以上のさまざまな奇形細胞の中から、元の植物にもっとも近い組換え体植物を「選別」し、これを培養・増殖させて組換え体作物を作り出します。

このプロセスを見ると「人間の手による進化」といってもよさそうな気がしますが、これを自然における進化のプロセスと比較すると、その機械的特徴がよく分かります。まず「自然による進化」では、自然に生じる突然変異などの結果として遺伝子が変化します。そのためにさまざまな生物が出現することになりますが、これらは年月をかけた自然環境の中での相互作用の結果、互いにうまく適応しあえた関係が残ります。こうして進化の系統樹なるものも自ずから出来上がってきました。

ここで一言注意したいのは、各地で行われてきた人間による品種改良も、「自然による進化」の部類に入るということです。というのもそれは、進化のスピードや方向を部分的には変化させるでしょうが、基本的には系統樹に沿って（最終的には自然が選んで）なされるからです。自然による突然変異では、進化的に遠い生物の遺伝子同士の組み合わせなどは起こりようがありません。これが進化の系統樹が存在する根拠です。

これに対して、GM技術というのは、細菌であろうと植物であろうと進化の系統樹など全く無視して、ある種の遺伝子に、別の種の遺伝子を組み込むという完全に機械的な発想が基本になっています。むろん系統樹を無視したために機械的にゆかない部分もありますが、それは例えばカセットで補っています。しかしこれもカセットという表現から分かるように、各種遺伝子の断片という部品の継ぎ合わせで、発想はあくまで機械論です。そうして出現したさまざまな奇形細胞を（長い年月を要する自然環境の下での淘汰に代わって）人為的に選別します。こうして作り出されたＧＭ生物と通常の（遺伝子が組換えされていない）生物との間には、進化史的な関係も秩序もありません。

これはもはや「人間の手による進化」ですらないでしょう。場合によっては、進化そのものの解体です。なぜなら、進化の系統樹は生命の歴史性を表現しているからです。生命は歴史的であることによってはじめて生命となります。この場合の歴史とは、親から子へ、ある種から次の種へと、最終的には四〇億年という幾世代にもわたる地球環境との相互作用の中で形成された、ただひとつのこの進化の系統樹という流れそのものです。私たちの生命は、このただひとつの共に作り上げてきた流れの中に置いてみたとき、初めてある意味を持ちます。この統一された流れなくして、生命には何の意味もありません。人間による機械的な遺伝子操作は、この生命の流れそのものを無視する行為です。

最後に現実に何が生じているかの一例を紹介します。アメリカのモンサント社を世界最大のＧＭ企業に成長させたのは、ラウンドアップ耐性のＧＭ大豆（ＲＲ大豆）の開発で、一九九五年から栽培が始まりました。それは同社のラウンドアップ除草剤の生産工場の排水中で見つかった一匹の土壌細菌の中の耐性遺伝子を分離し、大豆の遺伝子に組み込むという技術でした。今ではこの遺伝子は輸出により、世界中の家畜や人間の体に取り込まれています（アメリカは世界最大の大豆輸出国で、大豆作付けの八割近くがすでにＲＲ大豆である）。その結果何が生じたのでしょうか。

まずＲＲ大豆の収量は在来種より数％から一〇％少なく、農薬使用量も減ってはいません。結局、遺伝子組換え最大のメリットは、当初宣伝された収量増加や農薬削減ではなく、省力化によるコスト削減にすぎないことが次第に明らかになってきました。さらに数年前から、ラウンドアップをまいても死なない雑草が現れ始めました。単一除草剤の多用という遺伝的圧力が新たな遺伝子を生み出し、除草剤耐性雑草が出現したのです。耐性雑草とは知らない農家は、当然のことながら除草剤散布回数を増やしてゆきます。そうなれば、農作物への残留農薬が問題になってきます。飼料用の場合、散布方法によっては基準（ラウンドアップの有効成分であるグリフォサートの残留基準）一五ppmを大幅に超え四〇ppmに達する場合もあったといいます。そしてなんとアメリカ政府は、飼料用のＲＲ大豆の除草剤残留濃度の基準を一五ppmから一〇〇ppmに改定したのです。最近では、ラウンドアップの動物や植物に対する研究も進み、慢性毒性や次世代毒性、土壌生物への影響による生態系の変化などの影響が指摘されているようです[19]。

こうした中で、遺伝子汚染は世界各地で報告され始めています。トウモロコシの原産国であるメキシコでは、これまで世界中の多くの品種改良の原材料資源を提供してきましたが、二〇〇一年一一月に、人里離れた山中の野生トウモロコシに組換え遺伝子ＤＮＡが発見されたのです。この国では一九九八年以来、種の多様性保護のためにＧＭトウモロコシの栽培が禁じられていますが、汚染の原因は全く不明です。しかも、メキシコではＧＭ食品の表示義務がないため、毎年アメリカから輸入している数百万トンのトウモロコシには、組換え体と非組換え体の分別すら行われていません。

このような混乱した対応をあざ笑うかのように、遺伝子汚染は着実に拡大しています。日本においても例外ではありません。すでにいくつかの港を中心に遺伝子組換え植物が自生・拡散し始めています。

こうして、安全性はむろんのこと、生命とは何かという根本的な問いかけを置き去りにし、受け入れ体制の全くできていないままに、利便性や市場原理の圧力によってＧＭ技術の「開発」競争が進められています。そして現在、その対象を植物から動物にまで広げつつあります。いまや動物や植物は生物工場になろうとしているのです。

はたして、現在のようなＧＭ技術の開拓、そしてそこからくる遺伝子汚染は、人類をどこへ導こうとしているのでしょうか。それは誰にも分かりません。やがて私たちは、自らの身体の最深部が不条理に侵されてゆくのに身をまかすしかないときを迎えることになるのでしょうか。ただひとつ、ほぼ確実にいえることは、人類が滅亡した暁には長い年月をかけて破壊された系統樹が修復され、自然は再び自らの力で生命の樹を育んでゆくことでしょう。

9　マクロ世界とミクロ世界

以上、私たちは二〇世紀における機械論の限界を見てきました。ここで最後に、この機械論の最大のよりどころである物理学そのものが二〇世紀に受けた衝撃を見たいと思います。なぜならそれは、現代科学の最深部ですでに機械論が破綻していることを示し、そして私たちはそこから人間の認識に対するある新しい洞察を得ることもできるからです。

さて私たちの感覚はあくまでマクロ世界のものでした。どれだけ身体外的器官が発達したとしても私たちの身体感覚は、直接的にはマクロ世界を感じるようにしかできていません。言葉や概念もまた、あくまでマクロ世界における体験、それも何百万年という歴史的体験の中から作られてきたものです。そんな私たちが二〇世紀に入って、ミクロ物質の世界といきなり向き合うことになったのです。

個々のミクロ物質は通常そのままでは、見えず、聞こえず、におわず、味もなく、触った感覚もありません。つまり、目・耳・鼻・舌・皮膚という私たちが持っている基本的な五官では感じとれず、その意味では存在しないも同然です。むろんアボガドロ数（6×10^{23}）くらい集まれば、私たちの通常の感覚に届くようにはなります。例えば一個の水分子を識別することはできませんが、これがアボガドロ数ほど集まると、ほぼ一八グラムになり、小さなグラス一杯の水として触ることも眺めることもできるというわけです。

ですからミクロ世界の出現といっても、最初はその振る舞いについての研究が物理学という世界の中でなされていただけです。しかしその特徴は驚くべきものであることが次第に分かってきました。それは、これまでの一切を（A・アインシュタインが切り開いた相対性理論をも含めて）古典物理学という名前でひとくくりにできるほど異質なものでした。この異質さを理解する上でも、さらにはまたミクロ世界の妖怪のような状況がなぜ出現したのかを見る上でも、ミクロ世界との出会いを少し詳しく歴史的に振り返ってみます。

ミクロ世界との遭遇

一九世紀にはすでに化学の世界で分子や原子の概念は確立していましたが、それらは化学反応にあずかる分子や原子の特定や量の比較を説明するためだけに必要で、個別の粒子の振る舞いにまで立ち入ったものではありませんでした。

物理学の分野では、J・C・マックスウェルやL・ボルツマンがこの世界の研究を大規模に行いました。彼らはミクロ物質の振る舞いに関しても、ただ寸法が小さいだけでマクロ世界の法則がそのまま通用すると仮定して計算し、むしろ非常な成功を収めたのです。

ここでマクロ世界の法則とは、ニュートン力学とマックスウェル電磁気学のことです。彼らはまず、分子や原子はこの力学にしたがって運動し、この電磁気学にしたがって光を放出したり吸収したりするものと考えました。その上で、マクロな物質は非常にたくさんのこのような分子や原子からできているのだから、次にはその総合した結果に統計的処理を加えれば、私たちの目にみえるマクロな効果が現れると考えたのです。

しかしながらやがて、このような考え方ではうまくいかない事例が出てき始めました。そして次第に、マクロ世界の法則がミクロ世界でもそのまま成立するという仮定自体が疑われるようになったのです。その最初の大きなきっかけは、一九世紀後半ドイツの製鉄業における溶鉱炉（石炭と鉄鉱石を入れ、高温で溶かして鉄を作る）の温度を正確に知るという極めて実利的な課題の中から出てきました。

当時、炉の温度は炉の穴からのぞいて見える溶けた鉄の色から判断し、勘と経験に頼っていました。マックスウェル電磁気学により、当時すでに光が電磁波（略して電波）であることが確立しており、光の色はその電磁波の振動数、あるいは波長（振動数と波長を掛け合わせると光速）によって決まります。私たちの目に感じる可視光の振動数は約 3.75 × 10^{14} ヘルツ（毎秒）（波長にすれば八〇〇ナノメーター）から3 × 10^{17} ヘルツ（毎秒）（同じく一ナノメーター）までの間です。これらよりも小さい振動数の領域を赤外線、大きい領域を紫外線といい、いずれも私たちの目には感じません。そこで炉内での光のスペクトル分布（横軸を振動数、縦軸を光の強さにしたときのグラフ）を説明する努力が重ねられましたが、既存の理論ではどうしても説明できませんでした。ところが一九〇〇年に、ある全く新奇な仮説を用いると、何とスペクトル分布がぴったり再現できることが報告されたのです。これこそ二〇世紀物理学の扉を開くことになる、M・プランクによる「量子仮説」です。

それは「振動数 ν の光のエネルギーは $h\nu$, $2h\nu$, $3h\nu$, ・・・というぐあいに、$h\nu$ の整数倍の値でしか吸収や放出をしない」という驚くべきアイデアでした。量子というのは、とびとびの非連続的な値しかとらない量（物理量）があるとき、その単位量のことですから、今の場合はエネルギーが $h\nu$ の量子ということになります。この h は発見者にちなんでプランク定数と呼ばれ、その後、ミクロ世界の議論では絶えず顔を出すことになる基本的な定数で、その値は約 6.6×10^{-34} ジュール・秒（ジュールはエネルギーの単位）です。マックスウェルの理論では電磁波のエネルギーは連続的に他のエネルギーに変化するので、エネルギー量子の仮説を受け入れる余地は全くありません。このままでは光の電磁波説の土台すら危ぶまれます。

このアイデアを受け入れることが如何に困難であったかは、後にアインシュタインが（光を金属の表面に当てると電子が飛び出すという光電効果を説明する上で）、光を $h\nu$ のエネルギーを持った粒子の集まりと考えればよいと主張し、この粒子を光量子（のちに光子）と名づけたとき、プランク自身がこれには最後まで否定的であったことからも分かります。一九世紀末までには光は（回折、干渉など波特有の現象を示す）波動として定着していましたので、一方においては波動の性質を備え、他方においては粒子の性質をもつ光とはいったい何者なのであろうかと、相当の混乱を持ち込むことになりました。当時の物理学者たちは、月・水・金は光を波動と考え、火・木・土は粒子と考えたというジョークまで出たようです。

ところがその後、今まで粒子と考えられてきた電子も波動として振舞うのではないかという考え方がL・V・ド・ブロイによって提案されました。それは結晶による電子線の回折像などの実験によって確認されました。現在使われている電子顕微鏡は、まさにこの原理を利用したものです。

こうして波動と粒子の二重性は、ミクロな対象には普遍的に現れるものであることが明確になってきました。


この事実を一体どう理解すればよいのでしょうか。それは物理科学史上かつてないほど深刻な問題を持ち込むことになりました。いまなお人によっては解釈の違いが生じる原因の一つです。

波動は基本的には（遮蔽物がなければ）全空間に拡がって進みます。これに対して、粒子は空間の中の特定の部分に局在し、その運動を追えば軌跡が得られます。これら二つの描像は全く相容れないものです。しばしば、「あるときは波であり、あるときは粒子である」とか「波と同時に粒子である」とかいわれてきましたが、そのようなイメージを同一対象に対して統一的に与えることは私たちにはできません。ひとつのものが波動であればそれは粒子でないし、粒子であれば波動ではありえないのです。

他方で数学的形式に関してもマトリックス力学派と波動力学派との激しい対立がありましたが、やがて両者が等価であることが証明されました。こうして一九三〇年ころには、新しい分野に対して量子力学という名前も定着し、一九三二年にはJ・フォン・ノイマンによる『量子力学の数学的基礎』が世に出て、数学的形式に関する議論は一応の決着を見ました。

しかしながら、その解釈となると依然として紛糾し続けました。誰もが（古典物理学で「正しい」という言葉を使うほどの確信をもって）正しいといえる統一見解に到達できないのです。ところが他方で、計算はできるし、その結果を実験と照合すると正しく予言していることが分かります。これは実に驚くべきことです。通常の物理科学の分野ではイメージや解釈が先にきて、最後に数学的形式が整って一応の完成に至るのが普通です。ところが量子力学では、解釈に先立って数学的形式がくるという前代未聞の奇妙な事態が生じたのです[29]。したがって「物理学者より量子力学の方が頭がよい」とか「一度も間違えたことのない人は、本当には量子力学を理解していないのだ」（N・ボーア）といった言葉も出てきました。

なぜこのようなことになるのかという理由の一端は、私たちのイメージや解釈があくまでマクロ世界で得られたものを用いるしかないという事情にあります。例えば、波動といい、粒子といっても、そのイメージはあくまで私たちがマクロな物質の日常的な観察から確立してきたものです。そこで、マクロな概念とミクロな対象の（測定結果から得られる）振る舞いとを統一する必要がありますが、それは容易なことではありませんでした。このような哲学的な問題をまともに受け止めた人たちは悩みぬきました。中でも、とりわけボーアとアインシュタインの論争が有名です。そしてアインシュタインは死の最後まで量子力学を不完全な理論であると主張しつづけました。また、彼の親友であったP・エーレンフェストは、このような醜い量子力学という理論を受け入れるくらいなら死んだ方がましだと実際に自殺したといわれています。

もし仮に、解釈問題が解決していなければ技術への応用も不可能だということであれば、ある意味では問題はシンプルだったといえます。ところが現実には一方で数学的形式は一応整い、その計算結果が実験結果とも矛盾しないものですから、解釈問題は未解決のままでも個別の技術への応用がどんどんと進むようになってきました。やっかいな解釈問題や哲学に時間をさくよりも、とにかく利用できる部分があれば利用しようというわけです。核開発はその最たるものでしょう。

こうしてミクロな世界に対する技術は、マクロ世界と統一されることなく、つまり歴史的に形成されてきた私たちの感覚や概念と統一されることなく、個々バラバラで気ままな（利潤追求や業績主義による）要求によって「開発」が進み、次第に巨大で危険な影響を及ぼすようになってきました。これが、出没し始めたミクロ世界からの妖怪の姿です。


いま必要なことは、いたずらに個別の開発に駆り立てられるのではなく、まずはミクロ世界の法則は一体何を私たちに伝えているのか、真摯に耳を傾けることでしょう。そして、どうすればミクロ世界とマクロ世界を最も自然に統一することができるかを探ることでしょう。以下はその試みの一端です。

実は、現在のオーソドックスな量子力学の解釈には論理的な不備があり、このままで議論すると余計な混乱が生じます（しかし実験結果と照合する部分については何ら問題は生じません）。そこで一応矛盾がないように解釈を修正した上で、量子力学が何を伝えているのかを議論する必要があります。この修正の方法はいろいろに考えられると思いますが、私が最も自然と思える方法は付録「マクロとミクロの相補性」にある程度詳しく載せておきましたので、関心のある方はそちらを参照して頂ければと思います。

それを一言でいえば「電子や光子などミクロな対象は、一定の質量やスピンなどを持った粒子的なものではあるが、その運動は波動的である」というものです。朝永振一郎はこれを〈量子的粒子〉と名づけています[30]。波動的という意味は、例えば（後述する状態関数が）シュレーディンガーの波動方程式に従うとか、同一粒子がたくさん集まれば（あるいは繰り返し実験を何度も実施すれば）、回折や干渉など波特有の現象を測定できるという意味です。しかし個別の対象に関しては、通常の粒子のように軌道を描くわけにはいきません。後述するように、位置を確定したり運動量（質量と速度を掛け合わせたもの）を確定することはできても、位置と運動量とを同時に確定できないからです。このような不確定性が、各種の新解釈や（現在でも後を断たない）新理論の余地を残しており、論理的に矛盾がなければ後は本人のお好み次第ともいえます。というのは、どの新理論が正しいかは実験で検証はできないからです。

ここでは、ミクロ世界とマクロ世界を統一した自然観、世界観への道を探るという点に照準をあわせて、量子力学のメッセージを読み取りたいと思います。

マクロな対象の観測

ミクロ世界の法則の異質さは、「物を見る」という私たちのごく基本的な行為と深く関わっています。ですから量子力学の基礎に横たわっている問題を「観測問題」ということもあります。そこでまず、マクロな物体の観測の場合はどうなのかを調べてみましょう。

一般に観測というプロセスには、観測される物と観測する者が必要です。ただしここで、いきなり人間を持ち込むと混乱する恐れがありますので、初めは観測過程を物理的なプロセスの範囲内にとどめることにします。そのために、観測する者を測定器で置き換えます。むろん人がこの結果を利用したい場合は、後で測定器に残された記録を見ればいいでしょう。

さて手近な例として、カメラでテーブルの写真を撮る場合を考えてみましょう。まずは測定対象であるテーブル、それから測定器であるカメラが必要です。ではこの二つがあれば十分でしょうか。少し注意すれば、もう一つ必要なものがあることが分ります。それは対象から測定器へと、必要な情報を伝達する（この場合は、対象の像を運ぶ）媒体としての光です。暗いところでは写真がうまく撮れずフラッシュをたくのは、誰もが日ごろ経験していることです。私たちがテーブルの写真を撮ることができるのは、シャッターが開かれている間にテーブルからやってくる光によってカメラの中のフィルムが感光するからです。

このとき、現像した写真が、このテーブルの客観的な像であることを保障しているものは何でしょうか。ここで客観的といっているのは、同じ条件で写真を撮れば、いつ、誰が撮っても同じ像が得られるという意味です。

逆の場合、つまり、同じ条件で写真を撮っても像が違ってくるというのは常識的には考えにくいことですが、後述するミクロな対象の場合には、たとえ条件が同じでも得られる結果が一回ごとに違う方が一般的なのです。ですから、「マクロな対象の場合に、なぜ客観的な像が得られるのか」と尋ねることはここでは決定的に重要なことです。

実はこのことを保障しているのは、伝達媒体である光の個々の光子の作用があまりにも小さく、観測中に光子がテーブルに及ぼす影響を無視できるからなのです。そのことを数値で表せば、光子一個のエネルギー$h\nu$は可視光で約10^{-18}ジュールくらいですが、これは例えば静止していた重さ一〇キロのテーブルに一秒間でわずか一ミクロン（一〇〇〇分の一ミリ）移動するようなエネルギーを与えることに相当します。このような光子がランダムに次々に机に当り、あるものは吸収され、あるものは反射されたりして、カメラのフィルムにまで到達したものはそこで吸収され、感光という化学変化を起こし記録されることになります。

つまり個々の光子の運動は、机の動きにマクロな影響を及ぼす（目に見える影響を及ぼす）という点では無視することができ、これによって像が（マクロに）ブレることは通常ないのです。これはむろん、机とカメラの関係に限ったものではありません。机の代わりに私たちの周りにあるあらゆるマクロな物体を持ってきてよいでしょう。さらに、カメラの代わりに私たち自身の目を持ってくれば、これはもう私たちが日常眺めている全てについて基本的にあてはまります。

すなわち、私たちがマクロな個々の物体の客観的な像を得ることができ、さらにはそこから古典物理学のような法則を打ち建てることができたのは、ミクロな光子という伝達媒体が存在するおかげなのです。ただし、光子のエネルギーは小さければ小さいほど良いというわけでもありません。エネルギーは振動数に比例し、したがって波長に反比例しますので、エネルギーを下げすぎると（波長が長くなり）分解能も下がって像がぼやけてきます。可視光というのはその意味でも、私たちの認識を支えている丁度その程度のミクロさといえるでしょう。あるいは私たちの認識を支えているから可視光（私たちの目に感じる光）なのだともいえます。

いずれにせよ外界のマクロ世界の客観的な実在という認識の基礎は、実にミクロな世界（可視光の光子）の存在に負っていたのです。通常このような構造を意識しないのは、私たちが物体を見ているときは正にその物体を見ているのであって、その物体から出てくる伝達媒体としての光子を見ている（意識している）わけではないからです。光子らは私たちがその存在を意識しないことによって、私たちの認識を支えているのです。

ミクロな対象の観測

さて、それでは次にミクロな物質の観測はどのようになっているのでしょうか。

ここで決定的な制約は、伝達媒体としてミクロな対象よりもさらに超ミクロな物質を持ってくるなどということは、今のところ不可能だということです。伝達媒体自体がせいぜいミクロな対象そのものと同じレベルのものになります。ですから、測定することによって対象自体が（伝達媒体などなくて、宇宙線のようにミクロな対象自体が直接に測定器に入射してくるような測定を含めて）本質的に撹乱を受けるということが起こりえます。本質的といった意味は、撹乱の作用をどれほど減らそうとしても、一

いて個々の場合に具体的に計算することができます。その下限の値は、量子力学により通常プランク定数 h を用いて個々の場合に具体的に計算することができます。

そこでこれを単純化して、「マクロな対象は見るか見ないかによって状態は変化しない」が、「ミクロな対象は見るか見ないかによって状態が変わりうる」ということができます。しばしば量子力学の解説書で、（アインシュタインが言ったという）「月は見ていないときには、本当に存在しないのか？」という議論に出会いますが、（いったん誰かの観測により）その存在が確立すれば、後は見ようが見まいが存在が保障されるのがマクロな対象で、私たちの常識と何ら変わりません。

では、ミクロな対象の観測によっては、何も意味のある情報は得られないかというとそうでもありません。では何か意味のある情報が得られるとすれば、そこにはどのような条件があるのでしょうか。このようなことを徹底的に調べた人がW・K・ハイゼンベルクです。彼は「ハイゼンベルクの顕微鏡」といわれる思考実験を考え出しました[31]。これは一個の光子を使って、一個の電子の位置と運動量を同時に決めようとするものです。

ここで位置と運動量が出てくる理由は、それらが古典力学では特に基本的な物理量だからです。運動量というのは質量と速度とを掛け合わせたもので、質量が分かっていれば、運動量が決まるということは速度が決まるということと同じです。ニュートンの運動方程式によれば（力が分かっているときには）、ある時刻における対象（当面、一個の粒子を考えている）の位置と速度が同時に決まれば、その対象の過去から未来にわたる全ての軌道が完全に決まります。つまり対象の運動状態が完全に決まります。

実際私たちの身体感覚は、この法則を知っていて日々使いこなしているのです。例えば、向こうからボールが飛んでくるのを見れば、私たちはあわててよけるか、手を出してこれを受け止めようとします。そして大体においてこれは成功します。なぜそんなことが出来るのでしょうか。それは、ボールを見た瞬間に、その位置と速度（スピードと向き）を同時に読み取ることによって、その後の軌跡が予測できるからです（むろん、風や空気の抵抗を無視しての話ですが）。

いずれにせよ古典力学では一般に、ある時刻における位置と運動量を同時に指定することによって、その対象の、その時刻における運動状態を指定します。そこで、今考えている電子に光子を衝突させたあと、その光子を（ハイゼンベルクの）顕微鏡で測定することによって、衝突直後の電子の位置 X と運動量 P の値を求め、（古典論と同様に）電子の運動状態を決定することを考えます。まず光子が顕微鏡のレンズに飛び込んでくるという範囲内で光子を確認することができます。また光子の運動量の一部は電子によって吸収されて電子の運動量になります。

そこで X の不確定さをΔX、P の不確定さをΔPとすれば、ΔXはこの顕微鏡の分解能に対応し、それは用いる光の波長に比例します（波長が長いほど、波が物体に覆いかぶさって位置の不確定さが増す）。ΔPは光子からもらった運動量に関係しますが、光の運動量はプランク定数を波長でわったものなので、ΔPは波長に反比例することになります。結局ΔXとΔPを掛け合わせたものは波長に依らないことになり、具体的に計算すればプランク定数 h の程度となることが分ります（$\Delta X \cdot \Delta P \approx h$）。

実はこのような関係は、測定の仕方によらず極めて一般的に（X と P の間で成り立つ交換関係なるものによって）求めることができ、その結果は $\Delta X \cdot \Delta P \geqq h/4\pi$ です。これを X と P に関する〈不確定性関係〉といいます。

この式が主張することは、位置と運動量（または速度）を両方同時に正確に測定することは原理的にできないということです。さらに、位置を正確に測ろうとすれば（$\Delta X=0$）、運動量（したがって速度）は全く不確定（$\Delta P=\infty$）で、どの方向にどれほどのスピードか皆目見当がつかないという状況が出現します。逆に、運動量（したがって速度）が正確に分かっていれば（$\Delta P=0$）、今度はどこにいるのかさっぱり分からない（$\Delta X=\infty$）という状況になります。

状態関数 Ψ の導入

こうしてミクロな対象の状態をどのようなものとして定義するかが大きな問題になります。量子論では不確定性関係から、（古典論のように）X と P の同時指定によって状態を決めることができないからです。しかし一般に、任意の物理量（観測可能量）を同一条件で繰り返し実験をすれば、たとえ測定値が一つに定まらなくとも、その測定値の分布は決まってくる場合があります。そこで量子力学では、X や P といった物理量の値によって対象の状態を指定するのではなく、状態関数 Ψ というものによって対象の状態を指定することになりました。この Ψ は、状態ベクトルとか確率振幅とも呼ばれていますが、私たちの持っている今までの古典的概念には対応物が全くない新しい概念です。

しかしいくら古典論に対応物がないといっても、どこかで測定結果（つまり、最終的にはマクロな装置を持ち込んで得られる測定値）と関係が付かなければなりません。その対応の仕方は次のようなものです。

いま、ある物理量Aを測定するとします。すると、いろいろな測定値 a_1, a_2, a_3, ・・・が得られます（簡単のために、測定値は飛び飛びの不連続な値をとるとする。連続の場合も議論は同じ）。このとき、これら測定値に対応する軸を直交軸として持つ空間を考えます。測定値が無限個あれば無限次元です。この空間は専門用語ではヒルベルト空間といわれていますが、私たちの議論には「測定空間」とでもいった方が分かりやすいかもしれません。そしてΨはこの空間の中の長さ1の単位ベクトルとして表されるのです。まずAを何回測定しても確定した値 a_i（i は1, 2, 3, ・・・の中のどれか）を取る状態 Ψ^i は、測定値 a_i に対応した軸（i 番目の軸）上にあるとします。つまり Ψ_i（i = 1, 2, 3, ・・・）は、この空間の直交軸を構成する単位ベクトルです。むろん一般の状態Ψは必ずしも軸上に有るわけではありません。

量子力学の教えるところは、

> 対象の状態がΨのとき、物理量Aを測定して測定値 a_i が得られる確率は、Ψの i 番目の軸上への射影の絶対値の二乗である（P・A・M・ディラックの表記を用いれば、この確率は $|\langle\Psi_i|\Psi\rangle|^2$）。

というものです。Ψはこの公式によって初めて、現実の測定値と対応がつきます。Ψが古典論に対応物がないという意味は、Ψの存在する場所が現実の空間ではなくてヒルベルト空間だからです。学者の中には「あの世で計算して、この世で実験値と比べる」という人もいます。

Ψがヒルベルト空間のベクトルであるということから、機械論のイメージに合わない直観に反するようなことが生じてきます。例えば、二つのミクロ粒子1、2から成る系を考えてみます。これらが相互作用する前は、それぞれの状態関数がΨ(1), Ψ(2)であったとします。このとき全体の状態関数はそれぞれの掛け算Ψ(1)×Ψ(2)で表せて（専門用語では直積）、この状態では「全体は部分の和」といえます。機械論の特徴のひとつは、この「全体は部分の和」でした。ところがいったんこれらの粒子が何らかの相互作用をした後では、全体の状態関数は、一般にそれぞれの状態関数の積で表すことができなくて、1、2それぞれの状態が絡み合った（専門用語ではエンタングルメントと呼ばれる）状態になります。言い換えれば、全体は部分の和よりも大きいのです。

ただしヒルベルト空間の直交軸は、最終的には（実験と照合するときには）現実の測定値と対応しています。さらによくよく注意すべきは、ここでの測定値がマクロな装置を持ち込んだときに得られるものであって、装置がなくとも初めから持っていた値ではないということです。古典論ではこの両者は一致しますが。

ここで装置のマクロ性は決定的に重要です。一般に測定値が得られるときは、痕跡が残るような不可逆な過程が必要だからです。これによって測定値が客観性を持ち、互いに安心して科学的議論ができるという点をボーアも強調しています。そしてそのような不可逆過程をもたらすものは、本質的にミクロな過程では生じ得ないからです。観測が成立するには測定器の中のどこかが不可逆な（通常は増幅を含む）マクロ過程を起こす必要があるのです。一般には検出器の部分がこれに対応しています。

こうして、ミクロな対象の振る舞いの記述は、マクロな測定装置によって得られる測定値に対応する軸によって張られるヒルベルト空間を必要とし、測定して得られる値はマクロな測定装置を持ち込んだときに出てくる値ということが分かります。

マクロとミクロの相補性

以上見てきたことより、マクロ世界とミクロ世界がどのように統一しうるかを調べてみましょう。まず、ミクロな物質はマクロな物質のように機械論的な記述ができないということをはっきりと認める必要があります。それはひとつには、ミクロな粒子は決定論的な軌道を持たないことからもいえます。しかも粒子がどこに発見されるかは、一般に確率的にしか言うことができません。この確率は古典論で出てくる確率（測定するかどうかとは無関係に、そこに存在している確率）と異なり、装置を持ち込んだときにそこに発見される確率です。

いまひとつは、ミクロ物質よりもっと小さな超ミクロ物質によってミクロ世界を客観的に記述する……などというわけにもいかないのです。私たちはミクロ世界を記述する上で、まさにマクロ世界で得られた概念とマクロな実験装置を使う以外ないのです。さらには、「マクロ世界はミクロな粒子の集合から成り立っているのだから、マクロ世界を知るには、その土台であるミクロ世界を知ればよい」という類の要素還元的な機械論も通用しないことです。

こうしてミクロな対象の振る舞いの記述は、結局はマクロな物質の枠組みによってのみ可能であることが分かりました。他方でマクロな対象の客観的な実在という概念は、実際にはミクロな物質の存在（可視光線の光子）によってのみ得られました。つまり、マクロな物質とミクロな物質とは認識論的には互いに他を必要としあっていて相補的な関係で統一されているということができます。

さらに状態関数Ψを用いること自体が、認識論的要素を自然の記述の中に持ち込むことを意味しています。なぜならΨ（の絶対値の二乗）は存在確率ではなく、発見確率（装置を持ち込んだときに発見される確率）に対応しているからです。つまり人間の精神は、デカルトが考えたような超自然的存在ではありえないことが物理学の基本法則にも示されることになったのです。あるいは人間は人間を中心に、いわば等距離的に、より大きな世界とより小さな世界とを探検しているといえるでしょう。

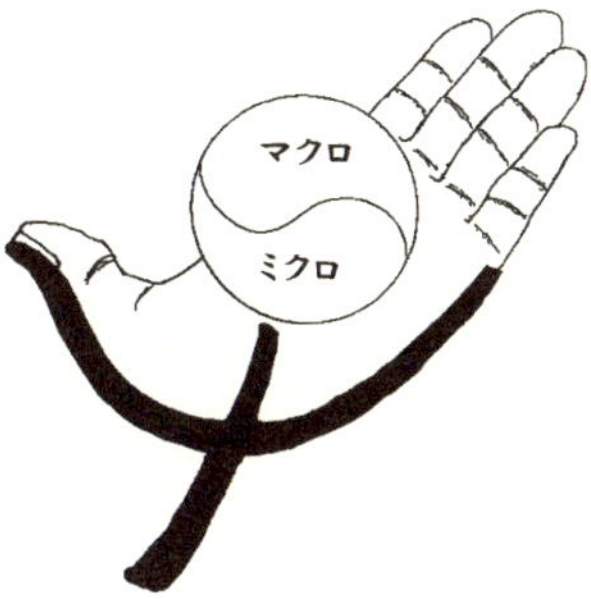

図９－１　マクロとミクロの相補性

このようなマクロとミクロとΨの関係を、全世界がお釈迦さんの手の平の上に乗っていたという孫悟空の逸話にちなんで、直感的に示そうとしたものが図９-１です。付録にも載せましたが、ここでも掲げておきます。

この図を見て、マクロ世界の開発を機械的にどんどんと拡大してきたような感覚で（これとても、地球という有限な資源による限界がある）ミクロ世界を開発してゆくことが、いかに野蛮な行為であるかが見て取れるでしょうか。ここで機械的開発をイメージ化すれば、上下左右に無限に広がった等方的な世界があり、どちらの方向に向かっても限りなく開発できるというものです（地球は有限な球でなく、無限に広がる大地となる）。

図の中央の球は陰・陽の太極図をもじったもので、実際の太極図では陽の極限は陰、陰の極限は陽とダイナミックに転化します。ここではこの比喩は半分あたっています。よりミクロな極限へと実験を推し進めようとすればするほど超マクロな装置が要るというものです。あるいは、よりミクロな世界の（核）エネルギーを引き出せば、そのエネルギーはより巨大で効果も被害も甚大です。さらには夢のエネルギーともてはやされた熱核融合が難行しているのは、核融合反応を引き起こす高温プラズマを閉じ込めるだけの容器が見つからないからです。

しかし考えてみればこのような事態はむしろ、私たちを深い所で納得させるものではないでしょうか。世の中そんなに旨い話が転がっているわけはなく、いま一番求められているのは（とりわけ地球的な）バランス感覚なのですから。

III　方向転換は可能か

二〇世紀は狂気の世紀でした。あるいは、人間がどれほど愚かになりうるかが露わになった世紀といってもよいでしょう。しかもなお私たちは、ほとんど訳も分からずに、この方向に突き進んでいます。

しかし他方で、人間が原因であるということに本当に気づきさえすれば、そこには無限に豊かな新しい創造の可能性への道も開けてきます。多くのアイデアや無数の個性的な実践が求められています。

ここでは、とりあえず私の手元にある手がかりと思われるいくつかをあげてみました。

なお第10章は「四日市大学環境情報論集」第九巻第二号（二〇〇六年三月）に掲載されたものの一部を加筆訂正したものです。

10 フラスコの中の自然

地上の生命の営みをひもとけば、地球生態系は幾度かの危機を乗り越え数十億年途切れることなく現代に至っていることが分かります。いま私たち人類がもたらしつつあるこの地球規模の環境破壊という危機を私たち自身が乗り切ることができるか否かは、まずこの歴史から生命の智恵を真摯に学ぶことができるか否かにかかっているように思えます。

そこでここでは、フラスコの中にかなり長期間にわたって閉じた生態系をつくることに成功した、栗原康の興味深い実験とその考察を紹介し、そこから引き出される教訓が何か考えてみましょう。彼の仕事の原理的重要性は極めて大きいように思われるからです。

有限の生態学――フラスコの中の自然――

栗原の実験の概略はすでに第3章で紹介しましたが、彼はさらにこれを宇宙基地や牛のルーメン（第一胃）などの生態系とも比較しています。ここではまずこのフラスコに登場する生物たちを紹介するこ

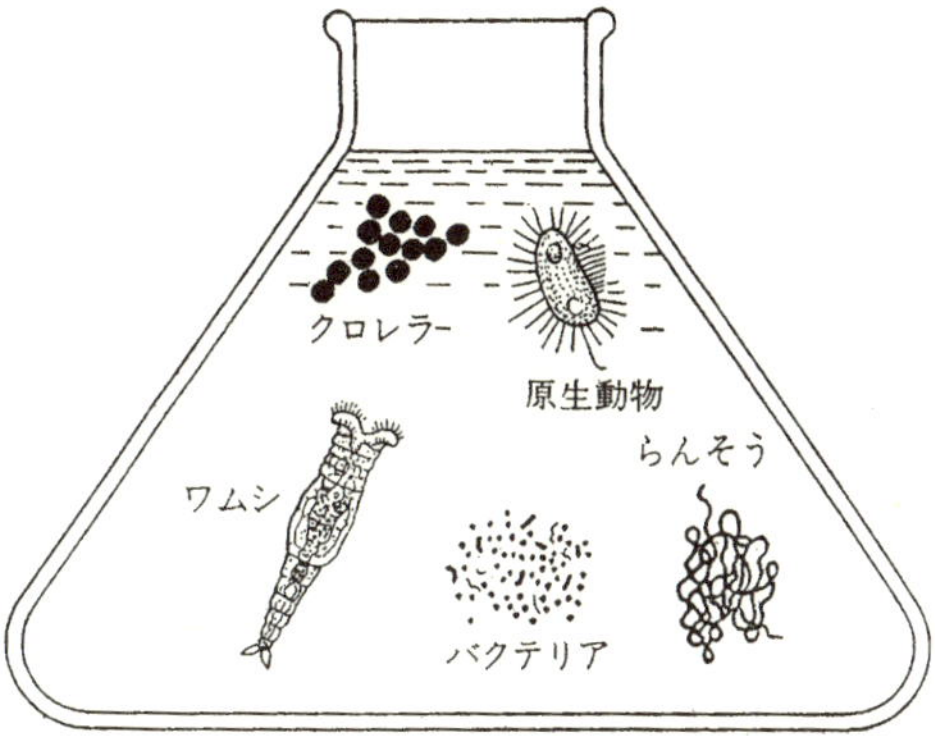

図10－1　フラスコの中の生物（引用文献5より転載）

とから始めましょう（図10‐1参照）。

彼らはたったの五種類ですが、それでも食物連鎖を中心に関っているその有り方は結構多様性に富んだものです。

最初に増殖するのはバクテリア（細菌）です（図3‐2参照）。これは原核生物に属する単細胞の微生物で、一〇〇〇分の一ミリ程度の大きさです。初めのうち個々のバクテリアはフラスコ全体に均等に分布します。彼らは、やがて他の全ての死骸を無機物に分解することによって栄養やエネルギーを得ることになる分解者です。

次に原生動物が登場しバクテリアを食べますが、バクテリアの大半は原生動物の分泌物により互いにくっつき合って底部に沈みます。原生動物は真核細胞からなる単細胞生物で、後にクロレラやらんそうも食べるようになります。小さい他の種を共食いしたり、なかにはワムシに寄生して栄養分を吸い取って生きるものも出てきます。

その次に登場するクロレラやらんそうは植物ですから、光のエネルギーを用いて無機物質である炭酸ガスと水分とから有機化合物を合成する生産者です。

最後に、この食物連鎖の頂点となるワムシが登場しますが、体長は二ミリまでで肉食、草食、雑食とすべてのタイプがそろっています。彼らは種類によって食べるものがだいたい決まっていて、雑食であれば他の四種類すべてを食料とすることができます。さらに肉食であれば、ワムシどうしでも小さい他の種を食べたりもします。ワムシと原生動物は食物連鎖の中では消費者に位置づけられます。

こうして、このフラスコの中には、生産者、消費者、分解者という食物連鎖の閉じたシステムが形成されてゆくことになるのですが、栗原はこれを詳細に観察した結果、生態系の安定性に関して注目すべき議論を展開しています。その中から四つの点を取り上げ以下に紹介します。

①「共存共貧」のシステム：閉じた生態系で生物が安定と共存を確保するためには、個々のメンバーの活力（代謝活性）を減少させる必要がある。

これは図 3-2 を見ただけでも分かります。実際フラスコの中では、各種のバランスのとれた相互作用とリサイクルシステムのほかに、総生産量（全体としての単位時間当たりの合成量）は、初期のころはピークをつくりますが、成熟してくると低い値を維持するようになります。呼吸量（単位時間あたりの分解量）もほぼこれと似た曲線を描きます。こうして安定した成熟相では、合成量と分解量がほぼ等しくなって、全体としての有機物量は平均して減りも増えもしない状態になります。これを初期のころの（いわば指数関数的な）急激な成長と比較すれば確かに貧しいともいえるわけで、栗原は共存共貧と表現しました。

では共存共栄のシステムとはどのようなものでしょうか。彼はその例として、一〇〇万匹もの原生動物が一〇億匹のバクテリアと安定した共同体をつくっている牛のルーメンをあげています。牛は一日に約七〇キログラムという膨大な草を食べ、一日たらずでルーメンの中味はすっかり入れかわります。流入速度も流出速度も、バクテリアと原生動物の増殖速度も、原生動物のバクテリア捕食速度も、極度に速く、〈よく食べ、よく増え、よく出す〉システム、非常に能率のよいシステムになっています。

②「資源の貯蔵庫」の存在：生物の死骸やフラスコ上層にある空気は、生物間の再生循環をなめらかにする資源の貯蔵庫となっている。

フラスコの中をよく観察すると、成熟した相では底に固形物が沈積しています。この沈積物は、らんそう、バクテリア、原生動物、クロレラ、ワムシとそれらの死骸です。バクテリアに関していえば、死骸の方が半分以上を占めています（死ねばすぐ分解して原型をとどめない他の生物は、生きている個体と死んだ個体の比を割り出すことは困難）。こうしてフラスコの中の共存系は生きている生物と彼らの死骸とから構成されていることが分かります。

これら死骸は有機物のかたまりであって、バクテリアによって分解され無機物となって、やがて植物にとりこまれ、その植物はまた動物によって食べられます。つまり死骸はフラスコ内の生物をささえる資源であって、しかもすぐに利用されるのではなく貯蔵されていることになります。実際、生物が増えすぎると死んで貯蔵庫の仲間入りをし、生物が減るとバクテリアの分解作用で栄養物が引き出されて使われます。この貯蔵庫のおかげで共同体が安全に維持されているのです。

さらに貯蔵庫は死骸だけとは限りません。それは空中にも存在しているのです。具体的には、植物は液体に溶けた炭酸ガスを摂取し酸素を放出します。動物やバクテリアはその酸素を摂取して炭酸ガスを放出し植物に提供します。ガスバランスがくずれると空気が貯蔵庫的な役割を果して、空気と水の間でガス交換が行われます。すなわち、液中の炭酸ガスや酸素の濃度が低下すれば空中から溶けこみ、過剰になれば空中に放出されて蓄積されます。ですから例えばフラスコをカプセルで覆って外からの空気を完全に遮断したとき、カプセル内の容積を縮めて気相の容積を小さくすると生物共同体の寿命は短くなることが示されました。つまりこの場合、貯蔵庫が小さすぎたというわけです。

この「貯蔵庫」は宇宙基地システムと比較するとき、その役割は際立ってきます。宇宙基地では、生物は隔離され、生物相互の関係は設計にしたがってパイプでつながれ、「むだ」なく物質が再生循環し貯蔵庫の無いシステムです。これはきびしい統制と緊張のシステムです。なぜなら生物は本来的に絶えず変動して止まず（行動の変化、代謝量の変化、突然変異、……）、さらに基地の中の「生態系」はいくつかの単一の種から人為的に構成された個体群です。すると例えば何かのひょうしに病原菌に感染すると、感染した種には全滅の危険性がつきまとうことになります。しかも一種類でも不調になり全滅すれば、直ちに全体の機能は停止して共同体は崩壊してしまうからです。

③構造と安定性：システムの構造性は、より多くの種が、よりたくさん共存し安定するために必要である。

実は成熟した相のフラスコの中では、バクテリアやクロレラは、初期の均等分布から、成熟期になると（原生動物の分泌物のために凝集して）上・中・下の層別構造を示すようになります。

［〇・〇一％のペプトンの培養液では］……上層は藻の細胞が互いにくっつき合ってできた膜であり、中層は数こそあまり多くないが、バクテリア、原生動物、クロレラ、ワムシがまじり合った液層部である。下層ではらんそうがちょうど毛糸の毬のようにからんだ状態になっていて、その体表にバクテリアやクロレラをくっつけ、そのすき間にバクテリア、クロレラを浮かせ、原生動物、ワムシ、を収容している。こうして［フラスコ内の生態系の］構造は分化して共存系となる。……構造が複雑になることで、生物体は外部刺激の直撃をかわすことができる。つまり大部分の生物は下層のらんそうの茂みの中に棲息しているから、上層における藻の膜構造によって保護されていることになる。しかもらんそうの茂みは毛糸状にからんでいて複雑な構造をしているから、一種の隠れ場所のような役割を果たす。このような構造が外乱を吸収し、やわらげることで、しげみの中の生物は、均等な構造をもった初相にくらべて生き残るチャンスが増大する。構造分化は、外界からの

刺激に対する保護的な役割を通じて、システムの安定に役立っているようだ[32]。

このような構造が安定性をもたらすことを確かめるために、フラスコの生態系に外部から撹乱、例えばコバルト60という放射線を照射してみます。すると初期相や幼若期のものは、三〇〇〇レントゲン程度で全滅し、新鮮な培地に移しかえても元の状態には回復しませんでした。ところが成熟期のものでは、一〇〇万レントゲンでも絶対に全滅することはありません。しかも照射後二二日間放置してから新鮮な培地に移植すると、一〇〇万レントゲン照射区も対照区と同じ増加量を示しました。つまり二二日間で損傷が治癒していたことが示されたわけです。

さらに構造が生態系の多様化をもたらす、という点に関してなされた実験も大変示唆に富んだものです。まずペプトンの量を減らして〇・〇一％のペプトンを含む新鮮培地を作り、フラスコの中の生物群集と池や沼の水をごく少量加えました。するとこれまでワムシが出現するのに一ヶ月かかったものが(図3－2参照)、わずか一〇日であらわれ、しかもその後に水棲のイトミミズも発生しました。この生態系が成熟期に達してイトミミズが増えてくると、それまで大きなかたまりをつくっていたらんそうは分散して、直径二～三ミリの「集落」の分布をフラスコの底にパッチ状に形成するようになります。生物たちは集落の内部か周辺に結集して、そこで生活を営みます。

ところが一日に数十秒だけ手でゆるく攪拌すると、パッチ状の集落は形成されずイトミミズも発生せず、しかもワムシ、原生動物のような動物は個体数が約一〇分の一くらいに減ってしまったというのです。

④生命の歴史性：生態システムが安定に維持されるためには、その構成メンバーが互いに精妙な相互作用を通して共存するようになるための、途方もなく長い時間が必要である。

この五種類の生物たちがその後半年以上にわたって、それぞれがほぼ一定の個体数という半ば安定した生態系を維持できるというのは決して偶然ではありません。彼らはその出発点から、すでに自発的に集まってきたメンバーです。そしてそれは私たちが、植物（生産者）、動物（消費者）、微生物（分解者）を適当につかまえてきて、栄養源のそろったフラスコの中につっこんだものではないのです。

まずはじめに竹の煮汁を野外にさらして、生物たちが侵入してくるままに放置しておいた。その期間おそらくたくさんの生物たちが雨やほこりや風や土砂にのっかって竹の煮汁の中に入りこんだにちがいない。しかしこれらの生物のうち淘汰にかからなかったもの、つまり瓶の中で適応したものだけが選び出され、フラスコの中の共同体のメンバーとなったのである。だからシステムを構成する生物は、宇宙船や宇宙基地のように、人間が自分の生存維持の目的にかなうように勝手に選び出したものとはほど遠いものである。フラスコの中のバクテリア、原生動物、クロレラ、らんそう、ワムシ、イトミミズはいずれも無数の要因の中で淘汰、適応のステップをふんで生き残ったものなのである[33]。

すなわち、実は彼らは地球生命史というとてつもない長期間にわたる試行錯誤を通じて、特定の食物連鎖で半ば閉じた生態系を作ることができるメンバーとしての資格をすでに持っていた生物群だったのです。このことは、生物共同体が維持・発展するためにはエネルギー源や物質や外界の環境以外に、メンバー間の関わり合いの歴史性、そこから出てくる未来への自発性とでもいいたくなる要素が本質的なものとして必要であることがわかります。

人類システムへの教訓

人類が生物の一種、ヒト、であることはのがれようもない事実なのですから、栗原の結論を「地球生態系の一員としてのヒト」に適用することは極めて自然なことでしょう。実際、栗原の課題意識は、前世紀に発生したエネルギー・資源の過剰消費、環境汚染、人口爆発、食料問題という一連の事態に対して、「フラスコの中の自然」、ルーメン、宇宙基地の論理を人類システムの原型と関係させて議論したいというものでした。彼はフラスコ内の成員を人間におきかえて、次のように連想し、推論しています。

システムの構造は多様な成員を収容するように自己発展的に分化形成され、そのことが外乱に対する保護的な役割を果たす。そして個々の成員は外圧によって規制されて生きてはいない。自分自身のやり方で自由に活動するが、しかし構造は資源の乱費に歯止めをかけ、そのために成員の活力は幾分低下する。しかしそのことが結果的に他の成員の活動をささえるような共生関係をつくりあげる。だから資源は底をつくことはなく、貯蔵庫としての機能をもち、そのために円滑な再生循環を可能にさせている。……このような構造が、個々の成員の行動様式の必然的な結果として自己組織化されたものであり、そしてそれが歴史的な所産としてみとめることができるならば、それは文化といってもよいであろう。かくして、もし人類が有限の地球の中で安定と共存を求めつづけるならば、このような文化の創造こそ人類の課題といえるのではないか[34]。

ただし、栗原自身がこのような文化の内容およびその形成過程についてこれ以上具体的に展開しているわけではありません。また私自身、自然との関係だけで文化なるものが導けるものかどうか、疑問を抱いてもいます。

しかし私たち人類が今後も生きながらえることができるとすれば、その社会を支える文化の根底には、「フラスコ内の自然」の検討から得られた基本的な特徴のいくつかが備わっていなければなりません。なぜなら現代の危機は単なる社会の危機ではなく、生物種としての人類の危機なのですから。

そこでまず、安定な閉じた生態系が「共存共栄」ではなく「共存共貧」であるという結論について考えてみましょう。ルーメンの場合の「共存共栄」を保証しているものは、牛にとっての食物源が野外の草や木の葉ということにあります。外から絶えず十分な食物源が供給されるかぎり、ルーメンの微生物にとっての資源は無限にあり、かつ排泄物はどんどん捨てられます。ルーメンはこのような開放系なのであって、極めて能率よい生産工場にたとえることができるかもしれません。しかしそれは地球生態系のような全体として閉じた系のモデルになることはできません。

ここで最も重要な結論は、地球全体の生態系の安定な存在のためには、そのトータルな物質的活力には一定の限界があるのではないかという点です。あるいは、人間の生産力や経済成長の総体を限りなく発展させたときやがて限界がおとずれ、しかもその限界を超えたときに人類のある崩壊が始まるのではないか、ということでしょう。

そのようなシナリオの考察としてはローマ・クラブの『成長の限界』以来、各種の議論がなされてはいますが、未だ見ぬ人類の未来の姿を現在の極めて限られたデータをもとに推測しイメージすることは難しく、ましてなかなか実感できるものではありません。その点この「フラスコ内の自然」は、閉じた系内の生物たちが様々な「環境」の中で、どのような共存関係を持ちうるかを見ることのできる貴重な「生きた」モデルです。むろんフラスコと地球ではそのスケールがあまりに違いますが、それでも生物たちが条件さえ許せば、その安定した共存状態を「共貧」という形で実現してみせてくれたことは重要です。

第3章で見た私たちの姿の異常さ、とりわけ図3-1と図3-2を見比べるとき、この一万年は人類破局への道を暗示しているように思えるのは私一人でしょうか。いま私たち人類はこの地球上で、どのようにすれば他の成員たちと安定した成熟期に到達することができるのかを真剣に考える必要があります。

確かに一九九二年の「環境と開発に関するリオ宣言」でSustainable Developmentという考え方が国際的にも明確に打ち出されましたが、問題はその「持続可能性」(Sustainable)の具体的中身でしょう。とりわけ、貧富の格差が国際的にも国内的にも拡大しつつある現在、ここで示された「共貧」という概念は、今後の議論に大きな意味をもつように思えます。

それはまた、物質的豊かさがそのまま精神的豊かさにつながるわけではないので、人間の特性としての精神性をどうとらえるのか、という問題ともかかわってきます。例えば大量生産、大量消費、大量廃棄の物質に囲まれて「便利な」生活を送っている私たちの心の「豊かさ」や「貧しさ」は一体どのようにして測れるのでしょうか。あるいは、「結局私たち人類は何を求めて生きているのであろうか」等という問題とも関係してくるように思います。

次に、「貯蔵庫」の存在について見てみましょう。フラスコ内の生態系の場合、生物の死骸や空気が貯蔵庫となり、貯蔵庫のない宇宙システムと違って、安定性に大きな役割をはたしていました。では地球の場合はどうでしょうか。地球という閉鎖生態系は宇宙基地はむろんのこと、フラスコ内の自然とも大きく異なっています。その主要な違いは単に量的に巨大であるというだけでなく、貯蔵庫に相当するものが幾重にも層構造をなしている点です。

栗原は、チッ素やリンやカルシウムなどの元素の物質循環について考察していますが、これらは空中、地中、深海、岩石などに膨大な貯蔵庫をもっていることがわかります。元素は化学変化をともなって、生物的要素（生態系における食物連鎖）と非生物的要素の間を運動していますが、これらの貯蔵庫は滑らかに安定した元素の変換を保証しています。そして一般に自然システムでは、利用しにくい貯蔵庫の方が利用しやすい貯蔵庫よりも大きく、再生循環に使われる量も少ない方が安定しているといいます。

例えば森林という生態系でのカルシウムの循環をみてみます。カルシウムは主として降水中に溶けた状態で入り、地表から流水中に溶けて出ていきます。ここでは岩石がカルシウムの最も大きな貯蔵庫ですが、植物体や枯葉や土壌という貯蔵庫に比べて圧倒的に利用しにくいものです。通常はカルシウムは、植物体、枯葉、土壌を通して再生循環されています。では岩石はどのような役割を果たしているのでしょうか。岩石に閉じ込められた膨大なカルシウムは、水に溶けていないのでそのままでは植物の養分にはなれません。カルシウムは少しずつ自然風化によって、土壌粒子の表面や土壌中の水の中にしみ出してくるのです。またもし堆積物（枯葉）の分解が活発で多量のカルシウムが土壌中にたまると、岩石の中に閉じ込められて貯蔵されることになります。こうして岩石は森林の短期的な生存には必要ありませんが（岩石だけあって土壌や枯葉がなければ、森林はすぐ崩壊する）、長期的な安定性を保つには重要です。

このことの意味は、大量の地下資源（とりわけ、石炭、石油などの燃料資源）を消費しつつグローバルな経済活動に邁進している私たちの現代生活を考えるとき、極めて重要になってきます。数億年かけて蓄えられた資源をほんの二、三百年で使い切るなど、ほとんど正気の沙汰ではありません。その結果が現在騒がれている地球温暖化であり異常気象であれば、もうこれは自業自得以外の何物でもないでしょう。

それでもこれを食い止めようというのであれば、私たちには余程の広い視野と覚悟が要求されます。例えば、「循環型社会」や「リサイクル」などという現在いたるところで出会うスローガンには十分注意しなければなりません。ここで「循環」という言葉に目を奪われて、製品をリサイクルするために大量の石油（運送用も含めて）を用いるなどという本末転倒なことは決してするべきではないのです。私たち人類が安定して生き延びるためにも、少なくとも（私たちにとって）無限と思える眠った資源、開発されない自然も必要なのです。

最後に、生命の歴史性に注目しましょう。フラスコ内の実験に使われた生物たちは、（実験に入る前に）野外に放置された竹の煮汁の中に、いわば自発的に集まって結成されたグループです。つまりこのグループのメンバーは、すでに食物連鎖を通じて（ほぼ）閉じた系として協力して生きていけることを自分たちの中で自発的にためしてきた者ばかりなのです。そのような種特性をはじめから持っているグループに最初の栄養物を与え、後はその配分を含めて生物たちの「主体性」にまかせたのです。

他方で、宇宙基地の生物は人間によって選ばれたものであり、生命維持システムの管理のために（人間を含む）すべての成員は全体に寄与する「部品」と化しています。人間の計画間違いも、計算ミスも、操作ミスも、生物たちの（計画者にとって想定外の）自発性も許されません。このようなシステムはたとえ短期間維持しえたとしても、それはもはや生命のシステムとはいえないのではないでしょうか。栗原自身、このような「宇宙基地システムは何か生物共同体のもつ基本的な特性が欠損しているのではないか」と指摘しています。

つまりフラスコ内の生態系は実は、それ以前に歴史的にためされ獲得された安定構造をすでにもっていたのです。しかもこの歴史性は、基本的には地球上の四〇億年という全生命史にまでさかのぼるものです。そしてこの「フラスコ内の自然」の実験は、この歴史を背負った生物たちのいわば自発的参加によって成立しています。

私たちが生態系としての生命を考えるときはいつでも、たんなる食物連鎖や物質循環だけではなく、その背後にこのような歴史性をみる必要があります。さらにいえば、生態系のもつ自発性が実は歴史性に支えられているという事実は、人間社会の歴史形成の主体を考える上でも大きな示唆を与えているように思われます。

11 熱力学がおしえるもの

現代のような環境問題が生じてくる上で、物理学は、その個別の分野というよりは（核開発を除けば）むしろ、その学問自体の機械論的性格の成功によって大きな影響を与えてきました。ジョージェスク＝レーゲンは、標準的な経済学が機械論的認識論を採用したことによって、いくつかの遺憾な結果が生じたと指摘し、以下のように述べています。

そのうち最も重要なものは、経済過程の進化論的特質を完全に無視したことである。標準的な理論は力学の姉妹科学として樹立されたため、その理論は力学が持つ以上に不可逆性を容れる余裕を欠いている。市場に関する標準的分析はすべて、一つの均衡から他の均衡への完全な可逆性に基礎を置いている。……経済過程を生産と消費の間のメリーゴーラウンドとして把握することは、さらに第二の遺憾な省略――経済過程における天然資源の無視へも導いた。……機械論的認識論の悲しい運命は、一世紀以上前に、熱力学がわれわれに、巨視的水準の物理的世界を支配する改変不可能な不可逆性に留意することを余儀なくさせたときに決定した[35]。

つまり物理学は（たとえ非意図的しろ）地球環境破壊に大いに加担すると同時に実は、その一分野である熱力学がすでに、現代の私たちの運命をも予見していたというのです。それにしても熱現象にすら、力学という名前をつけて熱力学（Thermo-dynamics）としたところに、ニュートン力学以来の機械論的自然観に対する執念のようなものを感じます。

では、熱力学は何を私たちに教えてくれているのでしょうか。

熱力学の主張はおおきく分けて、第一法則と第二法則の二つがあります。いずれも物理学の一分野を超えて、あらゆるマクロな物質現象にあてはまる最大級の普遍性を持った法則になっています。

ここではこれらの法則の形成の（極めて教訓的ではあるが）歴史や厳密な物理学的な議論は略して、これらの法則が示す技術の原理的限界やそこから引き出される環境問題へのいくつかの重要な指摘に焦点をあてたいと思います。

第一法則：エネルギーと物質に関する保存の法則

まずエネルギーの保存則に関して説明します。エネルギーという言葉は日常よく使われ、最近はとりわけエネルギー資源などという用語とともに、身近で切実なものになってきています。エネルギーはその保存則と深く関わりあっていて、実際（ある種の）保存する量をエネルギーと定義したといってもよいほどです。エネルギーという言葉を使う範囲そのものが歴史とともに拡大してきたという、それほどに広い概念です。

通常、エネルギーは「(物理的な) 仕事をする能力をもったもの」と定義されますが、このときすでに保存則が成り立つ (ようにエネルギーを定義できる) のです。それは「系に仕事がなされれば、その仕事の量だけ、系のエネルギーは増加する」というものです。むろん系が仕事を (外に対して) したのであれば、その仕事の量だけ、系のエネルギーは減少することになります。ここで系になされた仕事量にはプラスの符号を、系がする仕事量にはマイナスの符号をつければ、符号を見ただけで系のエネルギーの増減が分かります。

歴史的に最初の例は、古典力学の領域で定式化された「力学的エネルギー保存の法則」です。ここで力学的エネルギーというのは、運動エネルギーと位置エネルギーの和で、これが (理想的な条件下では) 一定で保存されるというものです。

例えば、およそ一〇〇グラム (重力にして一ニュートン) の質量のボールを一〇メートルの高さから落とす (自由落下) という状況を考えてみましょう。このとき最初は、位置エネルギーが一〇ジュール、運動エネルギーはゼロ (初速度がゼロ) で、トータルの力学的エネルギーは一〇ジュールです。手離してからは、位置エネルギーは次第に減少し、代わりに運動エネルギーは次第に増加しますが、両方の和は一定の一〇ジュールのままです。そして地面に触れる直前で位置エネルギーは最低のゼロとなり (実は、位置エネルギーの基準を地表面にしてあった) 運動エネルギーは最高の一〇ジュールとなり (速さは毎秒一四メートル）、初めに持っていた位置エネルギーがすべて運動エネルギーに変化したことになります。

次に地面との衝突が理想的（完全弾性衝突）であったとすれば、速さは変わらず（毎秒一四メートル）向きだけが逆転して、今度は上に向かって上昇します。そして最初の高さ一〇メートルの所までもどります。なぜならエネルギーは保存するからです。そして今度はまたそこから下に向かって落下し、このサイクルは永久に続きます。

実はこの例で、ボールの任意の高さにおける位置エネルギーとは、重力に抗して、ボールを地面からその高さまで持ち上げるのに必要な仕事量（つまり、重力と高さの積）として定義されています。したがって、その仕事量の分だけボールはエネルギーを得たことになり、その得たエネルギーの名前が位置エネルギー（英語ではポテンシャル・エネルギー）です。つまり、なされた仕事の量が保存されるので、この性質を利用して位置エネルギーというものを定義したというわけです。

エネルギーは力学的エネルギーに限りません。科学や技術の新しい分野が開拓される毎に、新しい形態のエネルギーが出現してきました。これらが同じエネルギーという名前でよばれる共通の特徴は、形態が変化してもその量は保存されるということです。エネルギー概念の範囲が質的な飛躍を遂げるのは、熱が（熱素などといった）物質ではなく仕事と同様にエネルギーを移動させるもので、熱現象を含めたエネルギー保存則が打ち建てられたときでした。

実際には、学者たちが熱をまだ物質と信じていたころ、技術者たちによって熱はどんどん運動や仕事に変換されていきました。産業革命の花形のひとつである蒸気機関は、熱から動力（ピストンの往復運動）を得る機械ですが、その際使われた熱量（「高温の熱源から得られた熱量」から「低温の熱源に渡された熱量」を差し引いた正味の量）は、それによってなされる仕事量に等しいのです（エネルギーロスなどない理想的な場合）。

こうして、より一般的なエネルギー保存則は「あらゆる系は、それに対してなされた仕事量と、加えられた熱量の和に等しい分だけエネルギーが増加する」ということになります。ここで系に加えられる熱量にはプラスの符号、系から出て行く熱量にはマイナスの符号をつけ、前述と同様に仕事量やエネルギー増減の符号を約束すれば、この定式は符号を含めて成り立ちます。

因みに蒸気機関の場合、系はピストンの一往復で元の状態に戻り（内部）エネルギーは同一です。したがって上の一般的なエネルギー保存則は「系になされた仕事量と加えられた正味の熱量の和がゼロになる」ということになります。これを、符号を考慮していい直せば「系が外にした仕事量は、系が正味に受け取った熱量に等しい」というわけです。実際、仕事の単位はエネルギーの単位と同じジュールであり、熱の単位としてよく用いられるカロリーはジュールに換算されます（一カロリー＝四・二ジュール）。

エネルギーの種類は他にも、内部エネルギー、電気エネルギー、光エネルギー、化学エネルギー、核エネルギーなど、いろいろあります。これらは互いに転化しあいエネルギーの形態は変化し、ダイナミックに関わりあいを持ちます。しかしながら、そこに関わるエネルギーの量そのものは変わらないという点で統一されています。むろん無からエネルギーが生じるような旨い話もなければ、何の痕跡も残さず消えてしまうということもありません。

ところで現実に私たちが目にするボールの上下運動は、放っておくとそれが到達する最高点はどんどんと低くなり、やがて地面の上で止まってしまいます。これではボールの力学的エネルギー（運動エネルギーと位置エネルギーの和）もどんどんと減少し、やがてゼロになったことになります。この場合にはエネルギー保存則は成り立っていないのかというとそうではありません。

よくよく目を凝らせば、周囲にエネルギーが拡散しているのを見ることができます。まずボールが地面と衝突する度に、ボールと地面の接触面でエネルギーが熱となって逃げているのです。具体的には接触した部分のランダムな分子運動のエネルギーに変化していったのです。衝突を十分繰り返せば、接触面が熱を帯びてくるのを感じることができるでしょう。あるいは地面が変形すれば、そのための仕事にも使われます。また空気の抵抗に対しても仕事がなされる（空気分子などのランダムな運動エネルギーに転化される）でしょう。いずれにしても、このような仕事や熱の移動まですべて考慮すれば、全体としては依然としてエネルギーは増えも減りもせずに保存則が成り立っているのです。

もっと複雑な例として、ダムにためた水を落下させて、その勢いで水車を回し、水車に軸がつながっている発電機を動かして発電する水力発電を考えてみましょう。これの最初の部分はいま考えたボールの場合と同じで、ある量の水の位置エネルギーが水車に入る直前の運動エネルギーになります。次にこれが水車の運動エネルギーになり、それにつながった発電機のコイルの回転の運動エネルギーになります。このコイルが磁場内にあるためコイルには誘導電流が流れ発電したことになりますが、そこで得られる電気エネルギーはこのコイルの回転から得られるものです。もしこの全ての過程がエネルギーロスを生ずることなく、熱が逃げることもないという理想的な状況で生じたならば、ここでもやはり、最初(想定したある量)の水の位置エネルギーは、次々とエネルギーの形態を変えながらも、その値は一定のままで、最終的に得られた電気エネルギーの量と完全に一致するはずです。従って、この最終の電気エネルギーをつかって、今度はモーター（因みにモーターと発電機は原因と結果が逆なだけで同じような装置である）を動かし落下した水を持ち上げれば、この水は最初の状態に完全に戻るはずです。この理想的な機械装置は第二種の永久機関の例です。第二種の永久機関というのは、後述する第二法則を破ることによって成り立つ機関です。

むろん、現実には途中のエネルギーロスなど生じますが、これらのエネルギーロスや熱の移動を全て考慮するとやはり、全体としては全エネルギーは保存しているというのが、熱力学第一法則です。これは現在までに、破れていることが見つかった例はひとつもありません。

ここで、質量についても見ておきましょう。実は質量に関してはすでに一八世紀の後半、近代化学の基礎を据えたA・L・ラヴォアジェによって「質量保存の法則」が発見されていました。それは「化学反応の前後において、反応物質の全質量と生成物質の全質量が等しい」というものです。これを一般化して、物質はいろいろに変化するが、それは物質の構成要素である原子の組み合わせが変化するだけで、関係する原子の種類や量は不変であるという「物質不滅の法則」という考え方が生まれました。

しかしながら二〇世紀に入り、アインシュタインの相対性原理により、質量とエネルギーが等価であることが示されました。この等価式は極めてシンプルな $E=MC^2$ という形をしています（M は考えている物質の質量、E はそのエネルギー、C は光速）。そして、実際に核反応の場合にはこのことが成り立つことが示されました。例えば、陽子と中性子が結合して原子核をつくるときには、質量が〇・五〜〇・八％程度軽くなっていて、明らかに質量は保存しません。しかし、このときには同時に、この質量欠損分に相当するエネルギー（欠損質量に光速の二乗を掛けたもの）が放出されることになるのです。このエネルギーがすでに述べた、化学反応の一〇〇万倍という核エネルギーなのです。

ついでにいえば、化学反応の際のエネルギーはこれを質量に換算すると（光速の二乗で割る）、今度は小さすぎて（水素原子から水素分子がつくられる場合、一グラムの水素原子に対する質量の変化は一〇億分の一程度）現実の測定にはかかりません。ですから化学反応の場合の質量保存の法則は実際問題としては十分に成り立っているといえます。

さらに高エネルギーの素粒子反応では、粒子が消滅したり新しく出現したりすることはごく普通の現象です。そこでこれらの現存するあらゆる反応において、質量をエネルギーに等価なものとしてエネルギーに換算しておけば、あらゆる場面で単一のエネルギー保存則が成立しているだけだということになります。

しかしすでに述べたように、私たち生命体が繰り広げる日常生活のレベルでは化学反応が中心で、ここではむしろ質量の保存とエネルギーの保存とが別々に成立している、と考えた方がその特徴をよくとらえることができるのです。私たちはエネルギーと質量がほぼ分離した世界に生きているのであって、現実の生活を支える技術の問題をとりあげるときなどは、このような事情にとりわけ注意する必要があるでしょう。

さてでは熱力学の第一法則が私たちの技術に課す制約とは、一体何でしょうか。まずは第一種の永久機関を夢見ることはあきらめなさい、ということです。ここで第一種の永久機関とは「外からエネルギーをもらわずに仕事ができる装置」、つまり第一法則を破るような装置です。これは、「働かずしては何も得られない」、「働けば、それだけのものが必ず得られる」といったように、感覚的にも私たちの体験に身近なものです。むろんいろいろな工夫は可能ですし、その工夫の歴史が技術の開発を生んできたのですが、それでもその上限があることを教えるのがこの第一法則です。ある量の仕事がなされれば、それときっちり量的に等しい結果が得られ、それ以上でもそれ以下でもないということです。ただし現実には、あらゆる段階で多かれ少なかれエネルギーロスが生じています。そこで効率（機械によってなされた有用な仕事の量と機械に投入された全エネルギーとの比）という概念も生まれ、これが第二法則を導くきっかけにもなりました。

次に物質の保存則を考えるとき、地球がほぼ閉じた閉鎖系であることに注意することは極めて重要です。閉鎖系というのは、外部とエネルギーの授受はあっても、物質の授受はないという系です。確かに、宇宙空間から日夜降り注ぐ宇宙線や隕石により、地球は完全に閉じた系というわけではありません。過去には大量絶滅をもたらした巨大隕石も落ちたことがあります。しかし、通常の地球生態系への影響という観点からは、ほぼ閉じた系とみなしてよいでしょう。すると物質の保存則より、地球のあらゆる物質は（主として化学反応により）姿を変えたり、場所を移動したりしながらも、決して消滅や生成はせずに、地球上（海洋や地中、大気層も含めて）を循環する以外ありません。循環型社会などといいますが、地球全体としては昔から循環してきたし、そしてこれからもずっと循環せざるを得ないのです。

そして廃棄物や汚染を構成している物質もまた、どこまで行っても、化学反応によって姿は変わり、場所が移動することはあっても、決して消滅することはないのです。大量生産がある所には必ず大量廃棄物があるのです。人間の意識のみが、まるで廃棄物など無かったかのような錯覚に陥ることができるだけです。

第二法則：エネルギーと物質に関する劣化の法則

上で第一法則を見てきましたが、そこでしばしば「理想的には」とか「エネルギーロスがなければ」などという曖昧な表現に出会いました。実はこれはすでに、第二法則と深く関係しているのです。第一法則が破れているのではないかと思える場合も、しばしば第二法則と関係があります。

例えば先ほどのボール落としの場合、第一法則は成り立っているのですから、周囲の空気や、地面とボールの接触面などを通じて拡散していったエネルギーを全て完全にかき集め、それをボールに戻してやることができれば、ボールは地面と衝突後再び上昇して、完全に最初の位置まで到達することができるはずです。しかしそうはならないことを、つまり拡散してしまったエネルギーを全て完全にかき集めて元に戻すなどということは到底出来ないということを、私たちは感覚的に知っています。これを一般的な原理として述べたものこそ熱力学第二法則です。

物理学では第二法則を定量化し、できるだけ一般化した形で議論できるようにするために、エントロピーなる概念が導入されました。これを用いると第二法則は、「孤立系のエントロピーは増加することはあっても減少することはない」と述べられます（孤立系とは熱やエネルギーの出入りも物質の出入りもない系）。ここで、エントロピーというのは専門家以外にはなじみにくい用語ですが、エントロピーは可逆過程では変化せず不可逆過程では必ず増大するという特徴を知っていれば、本質的な部分は理解できます。つまり第二法則は「孤立系は変化するとすれば、ある方向（エントロピーが増大する方向）にむかって不可逆的に変化する」といいかえることができます。

実際エントロピーという言葉を用いないで表現した第二法則のうち一番身近で分かりやすいものは、「周囲に何の変化も残さずに（ひとりでに）熱が低温物体から高温物体へ移動することはない」というものでしょう（この表現がエントロピーを用いた上の定式と等価であることは証明できる）。これは日常私たちがしょっちゅう目にすることです。

例えば、一〇℃のコップ一杯の水と五〇℃のコップ一杯の湯を接触させておきます。二つのコップの接触面では熱が自由に移動し、その他の部分は断熱壁で囲み熱が移動できないようにしておきます。誰もが予測できるように、しばらくすれば三〇℃のコップ二杯のぬるま湯ができあがり、これ以上の（マクロの）変化はなくなります。ここで具体的に計算すれば、二杯のぬるま湯の最終状態のエントロピーが、水と湯の最初の状態のエントロピーより高いことが分かります。そしてもはやそれ以上エントロピーは変化しません。つまり、この場合の最大のエントロピー状態で（マクロな）変化は止まったのです。物理学ではこれを熱的死の状態といいます。この変化は高温の湯から低温の水に熱が移動したことによって生じたものです。そしてむろんここで第一法則より、移動する熱は途中で消えたり生成したりはしないので、結果は両方の温度のきっかり真ん中の値三〇℃に落ち着きます。

こうして第二法則は、不可逆過程が必然的に存在することを主張しています。実際、三〇℃のコップ二杯のぬるま湯を接触させておいたら、自然に一〇℃のコップ一杯の水と五〇℃のコップ一杯の湯になった（エントロピーが減少する方向）など、誰も見たものはおりません。つまり可逆過程ではないのです。

そしてこのエントロピーが増大する方向をここでは〈劣化への方向〉と表現しておきます。なぜならば、実際にエントロピーの値を計算すれば分かりますが、無秩序な状態になればなるほどエントロピーは増大します。あるいは、そのようなものとしてエントロピーは定義されているといえます。逆に低エントロピーほど秩序があるということになります。さらに高エントロピーほどそこから有効に取り出せる仕事量が減り、エントロピー最大の状態（熱的死）ではもはや有効な仕事を取り出すことはまったくできません。

先ほどのコップの例を続ければ、最初は高温と低温という二つの要素があるので、この温度差を利用して有効な仕事を取り出すことができます。ただし、コップ一杯程度ではその効果はあまりに微量ですが、ここでは原理的な側面を問題にしています。そして最終状態は、温度差のない全くの均一な状態（最大の無秩序性）であって、もはや有効な仕事を取り出すことは不可能です。しかもエネルギー（内部エネルギー）の量は、最初の状態と最終状態とで全く同じです。ですからここでは確実に、エネルギーの量的変化ではなく、劣化という質的変化が生じているのです。

なおエントロピーの概念を直感的に分かりやすくするために、それぞれの具体的な状況に応じて、無秩序性、汚れの度合い、拡散の度合い、などという表現で説明される場合がしばしばあります。さらにエントロピーはそれ自体としては存在せず、必ずエネルギーや物質を伴って存在するものなので、私たちの目的からはエントロピーの増加という代わりに、エネルギーの劣化、物質の劣化と表現しておきました。

一般に摩擦が生じる所では必ず摩擦熱の発生という形態でエネルギーの劣化が起こっています。ボール落としの例では、ボールと地面との接触面で摩擦熱が発生して、ボールが持っていたエネルギーの一部を奪っています。奪われたエネルギーは散逸しているので、そのぶん劣化が生じています。つまり、この散逸したエネルギーは元の力学的エネルギーに（完全には）戻ることはできないのです。どんな機械でも、多かれ少なかれ摩擦が生じていますので、このような劣化はたえず起こっています。

「拡散」という現象によって生じる状況も「物質の劣化」として扱うことができます。大気汚染や水質汚濁などがその具体例で、これは（汚染物質を構成する）ミクロな粒子がマクロな領域にわたって自由に（自然に）拡散するという現象です。これが不可逆過程であることは直ちに見て取れます。拡散した個々のミクロ粒子たちが自然に集まってきて元の汚染物質の固まりに凝縮するように命令できる魔法の杖などどこにもありません。この拡散後は、拡散前に比べて確実にエントロピーが増大しています。もとのエントロピーの低い状態に戻すには、相当の仕事（エネルギー）が必要です。

合金や不純物が混じった金属も、それぞれ純粋な金属が個別にある場合にくらべてエントロピーの増大した状態です。したがって、リサイクルといっても、集められた金属片の収集物から不純物をのぞいて純粋なエントロピーの低い金属を得ようとすれば、場合によっては相当のコストがかかります。

いわゆる機械類の磨耗、もっと一般に材料の磨耗に関していえば、このような磨耗は材料を使用すること自体によって生じる現象で、どんなに完全な製品であったとしても長期間使用すれば必ず劣化をもたらし、場合によっては大事故を起す原因にもなります。それは一般に繰り返し使用されることにより、材料を構成している組織の一部が摩擦などの要因で、初めはミクロ的な粒子の移動や散逸が徐々に拡大し、ある時点でマクロ的な変形や破壊となって現れたものです。これもまた摩擦が不可避、不可逆であるのと同様に不可避、不可逆な劣化過程と見なせるでしょう。

こうして現代人の生活は、大量の廃棄物により大気を汚染し海洋・河川を汚染し、土壌・地下水を汚染し、地球のエントロピーをどんどん増加させています。さらに、現代の快適な生活に欠かせない身体外的器官も必然的に劣化し、絶えず新しいものと取り替える必要があり、不用品がまた廃棄物となってエントロピー増加に拍車をかけます。このまま行けば地球は必然的にエントロピー地獄、エントロピー最大の熱的死に至るのでしょうか。その話に移る前に、生命活動をエントロピーの観点から見ておきましょう。

生命活動と第二法則

生物は高度に秩序だっています。つまり低エントロピー状態にあります。ただしそれは生きている間だけで、死んでしまえば腐敗しどんどんと無秩序状態になってゆきます。この生きているという状態を保証しているのは一体何なのでしょうか。自動機械にしても必然的に劣化しやがて自力で動けなくなるのに、同じような条件下で生物の方がずっと長生きするにはどのような法則があるのでしょうか。この問いを二〇世紀の半ばに徹底して問うた人がいます。彼は量子力学の建設者のひとりでもあり、その著書『生命とは何か』で生命を分子論的に研究する道を開き、現在に至る爆発的な遺伝子工学に先鞭をつける上でも多大な影響を与えたE・シュレーディンガーです。彼はいいます。

生物が自分の身体を常に一定のかなり高い水準の秩序状態（かなり低いエントロピーの水準）に

維持している仕掛けの本質は、実はその環境から秩序というものを絶えず吸い取ることにあります。……事実、高等動物の場合には、それらの動物が食料としている秩序の高いものをわれわれはよく知っているわけです。すなわち、多かれ少なかれ複雑な有機化合物の形をしている極めて秩序の整った状態の物質が高等動物の食料として役立っているのです。それは動物に利用されるとずっと秩序の下落した形に変わります[36]。

ここで「環境から秩序を吸い取る」という表現を、物理学の用語でいい換えれば、絶えずエントロピー（無秩序性）を増大しその最大値（死の状態）へ近づく傾向にある生物が、それでも生きていくためには、周囲の環境にそのエントロピーを廃棄する必要がある、というものです。

ここで普通よくいわれる物質代謝の観点だけで考えれば、要素還元主義的な機械論だけでこと足り、本質を見落とすことになります。シュレーディンガーが着目したのは、成熟した生物体にあっては生体の持つ物質含有量は一定なので、生命維持に本質的なことは、物質の交換（物質代謝）自体ではないということでした（ただし、生物の生長や活動にとっては物質やエネルギーの正味の摂取が必要であることはいうまでもない）。

エントロピー増大則によれば孤立系自体がすでに死を意味しており、生きていくためには生物は必然的に開放系でなくてはいけないということが分かります。ここで開放系とは、外界（環境）との間でエネルギーも物質も出入りすることができる系です。そこで体内で絶えず発生するエントロピーを廃棄できる物理的な空間（環境）を外に持つ必要があります。つまり生物はこの「環境」によって文字通り「生かされている」存在となります。たとえ生物が「有用な」物質に囲まれていたとしても、その生物の発生するエントロピーを十分廃棄することができなければ、その環境は生物を殺すことになるでしょう。ここから環境が汚れていれば（高エントロピー状態にあれば）生活も不快なものになり病気にもなりやすいという私たちの通念も生じてきます。

こうして生物にとって排出物の処理は死活問題であることが分かります。ただし過去の地球生命史においては、廃棄物とか汚染といった概念で説明されるようなものではなく、食物連鎖を通じた生態系によって、初めから物質が循環してゆきつつ進化してきたというだけの話です。しかしここにきて人間社会で廃棄物問題が生じてきたというのは極めて象徴的です。私たちの身体外的器官は生態系の一部として進化してきたわけではないため、食物連鎖に取り込めない大量の汚染物質を排出してしまったのです。

地球の水循環

先に、生物が活動を続けるためには、環境から低エントロピー物質を摂取し、環境に高エントロピー物質を廃棄する必要があると指摘しました。しかしこの環境自体も孤立していれば、やがて高エントロピー状態（汚れた状態）になって生物は生きてゆけなくなります。はたして地球はどのようになっているのでしょうか。

地球は孤立系ではありません。四六億年の昔から太陽からエネルギーを受け、宇宙空間へエネルギーを放出している（ほぼ閉じた）閉鎖系です。実際には太陽から受けるエネルギーのごく一部は地上でたくわえられ、残りが宇宙空間に放射されます。入射エネルギー量と放射エネルギー量はほぼつりあっています。さもなくばエネルギー保存則より、地球がどんどん暑くなったり、どんどん寒くなったりするということになるからです。

さて太陽エネルギーを最も効率よく利用しているのが、植物による光合成です。植物は炭酸ガスと水という無機物から、光エネルギーを用いて（エネルギー源である）炭水化物を作り、酸素を放出しています。動物は自分の体内で炭水化物を作ることはできず、植物を食べるか、他の動物を食べるかしなければなりません。こうして植物は、太陽の放射エネルギーを地上の全生態系の主要なエネルギー源に変換する役割を担っています。

この光合成において炭素に注目すれば、大気中に広く散在する（故に高エントロピーの）炭酸ガスから、生成物である狭い領域に凝縮された（故に低エントロピーの）炭水化物の中へと濃縮されたのですから、明らかにエントロピーは減少しています。このエントロピーを減少させている機構とはどのようなものなのでしょうか。あるいは（第二法則を用いて）この減少を補うエントロピーの増大がどこかで生じているはずですが、それはどのようにして排出されているのでしょうか。

私たちが中学や高校で習う通常の光合成の化学反応式では、反応物と生成物の組成が示されているだけです（六個の炭酸ガス分子と六個の水分子が反応して、一個のグルコース分子と六個の酸素分子を生成する）。ここで、物質保存の法則は満たされています。むろんこの反応を推し進めるには光のエネルギーが必要です。そしてそのエネルギーはグルコースの中に固定されます。ところで、光合成を推し進める光の量は、最終的にグルコースに固定される量よりも多い（三～四倍といわれている）のです。余分の光は光合成の反応を起こすには必要ですが、最後には熱となります。この熱を蒸散によって取り去るのが水です。この水は反応式に出てくる水以外の水で、しかも多量に必要です。この水は化学反応式には顔を出しませんが、極めて重要な役割を演じています。

ここでより一般的にいえば、気体の水蒸気は液体の水より拡散しているだけ高エントロピーなので、根から吸い上げられた水は蒸散することにより、植物のエントロピーを持ち去っているのです。そして実際、光合成を含めて植物の生育には大量の水が必要です。動物も結局はそのエネルギー源を植物に求めることになるので、地上にある低エントロピーの生命体を形成する上で、膨大な量の水が決定的な役割を演じることになります。

その具体的な量の計算は他にゆずるとして、ここではとりわけ、私たちにとって重要な食料が水と分かちがたく結びついていることを事実で確認しておきましょう。例えば、一トンの穀物を生産するには一〇〇〇トンの水が必要といわれています。また私たちが必要とする飲料水は一人当たり一日平均四リットルとすると、食料生産に必要な水の総量はその五〇〇倍の一日最低二〇〇〇リットルです。さらに穀物を飼料に回して大量の肉を消費する「豊かな」社会では、そのために毎日ゆうに四〇〇〇リットルの水が食料生産に使われていることになるといいます[37]。

ところがいま地球上で、この水に大変な事態が生じています。レスター・ブラウンは、経済の中で最初に破綻すると思われるのが食料分野で、食料生産を不安にさせる二つの要因が温暖化と水不足であると警告を発しています。水不足は地下水の汲み上げすぎと地下水位の低下という形でやってくるため、見た目にはなかなか分かりませんが、過剰揚水で農業生産をしている諸国の人口はすでに三〇億人を超え、世界人口の半分近くに達しています[38]。

この中には世界の穀物のほぼ半分を生産するアメリカ、中国、インドも含まれ、水不足の深刻化により世界の穀物市場の争奪戦がいっそう激しくなると見られています。これも結局は、水は無限にあるという想定の下で限りなく開発が進められてきた近代産業、近代文明の結果でしょう。

では話を元にもどして、大気中の水蒸気によって運ばれた高エントロピーはどうなるのでしょうか。もし地球がエントロピーを宇宙空間に捨てることができないならば、やがて地球は汚れきった高エントロピー状態に陥り、生物は住めなくなるでしょう。地球はほぼ閉じた系なので、物質に乗せてエントロピーを宇宙空間に捨てるわけにはいきません。ではエネルギーに乗せることはできるのでしょうか。入射エネルギーの量と放出エネルギーの量はほぼ等しいのですが、エネルギーの流れはあります。実は高温の太陽から来る入射光線のエントロピーは、地球からの熱放射（電磁波の赤外部分）に比べて低いのです。つまり地球は低エントロピーの太陽光を受け、高エントロピーの赤外線を宇宙空間に放出しているのです。

ここで、極めて話が旨くできています。地表と上空とでは温度差があります。地表は平均約一五℃で、上空（対流圏）は平均約零下二〇℃。そこで上空まで行った水蒸気は冷やされ、つまり熱（高エントロピー）を宇宙空間に放射し、自身は雲となって凝結し、やがて雨や雪となって地表に戻ってきます。

結局ここでもまた水が、地表と上空の間を循環することによって、地球のエントロピーを宇宙空間に廃棄しつづけることができるようになっているのです。ですから、地球上で、きれいな水が豊富に循環しつづけることが、人間を含めた地球生態系がこれからも生きつづけることができるための必須の条件なのです。これがエントロピー地獄から抜け出す第一の関門です。

ここで第二、第三の関門について考えるのはとりあえず止めましょう。そして、少し違う角度からエントロピーの姿を見ることにしましょう。

「エントロピーが増大するから困る」というのは、実は一面の真理でしかありません。エントロピー増大というのは不可逆過程と結びついています。もしもこの世がすべて可逆でエントロピーも増大しなければ、私たちは老いることもなければ死ぬこともありません。むろんその時は生もないでしょう。私たちは二度と過去に戻れないからこそ、そして行く手には必ず死が待っているからこそ、いまを大切に生きたいと切望するのではないでしょうか。

このように見ると、エントロピー増大則というのは実にデリケートな知性、賢明な生き方を私たちに要求していることが分かります。そして他の生物たちこそ、この賢明な生を成し遂げてきた私たちの大先輩です。

これと関連して、市民科学者として生き抜いてこられた高木仁三郎が、その死の床から発している最後のメッセージを以下に引用してこの章を終えることにします。

技術的な極致はパッシビズムだと私は思うのです。つまり、ことさらに外から何か巨大なシステムや大動力を導入したり、あるいは人為的な介入をやって危機状態を乗り切ろうとしている限りにおいては、いくら安全第一をモットーとしても、やはり人間のすることですから、うまく働かなければ人為ミスが起こって必ず事故につながるので、大事故の可能性は残ってしまいます。あらゆる場合に、自然の法則やおのずと働いているさまざまな原理によって、人為的介入がなくても、事故がおさまるようなシステム、これを基本に置いた設計がなされるべきでしょう。……原発［原子力発電所］は自然の法則に逆らったシステムの典型みたいなものですが、それに対するパッシビズムの極致というのは、自然の法則にもっと従ったシステム、たとえば太陽熱のように基本的に循環の中でエネルギーを賄っていくようなシステムです。……いま我われをとりまいている安全への懸念は、パッシビズムの方向に解消していくのではないでしょうか[39]。

12
未来へのあるてがかり

人類が現代の危機を乗り越えることができたとして、そこにはどのような新しい社会が待っているのでしょうか。そこに生きる人々にはどのような暮らしや、人間のつながりが待っているのでしょうか。むろんこれらの展望やそれを実現する力は、空想にひたったり待っているだけで出てくるものではありません。それらは現代の危機を乗り越えようとする、まさにその動きの中からしか生まれようがないものでしょう。

ですから私たちはまず徹底して現代の危機を直視し、私たちの能力の限界をも直視する必要があります。すでに第9章においては人間の認識能力や技術におけるある種の原理的限界を、第10章においては生物種としての人類の存在の仕方の限界をみてきました。さらに第11章では、エネルギーや物質循環という極めて現実的な課題に対して、熱力学が教える冷厳な事実にも耳を傾けてきました。このようなことは、（とりわけ「伝統的な」生き方を享受している人たちには）一面ではつらいことかもしれません。しかし一度最低点まで降りてしまえば、そこからまた新しい世界への無限の可能性が開けてくるのも事実です。

かつて地獄を体験した水俣市は一九九五年にようやく、水俣病患者や患者団体に対して「市、県、国の対策は間違っていた」と謝罪し、四〇年ぶりに一応の政治解決をはたしました。当時の市長吉井正澄は、「水俣市は経済的豊かさでは最後尾であるが価値観を変えて回れ右をすればトップランナーだ」という意味のことをいっています[40]。これはまた新しい社会を求めていくという決意表明でもあるでしょう。いま求められているのは、地球上のあらゆる地域で、この回れ右をすることではないでしょうか。

むろん向きを変えたからといって、現実にある物（各種の建造物や設備、流通システムや乗り物、むろん廃棄物も、等々）、そこで生きている様々な生物や人間が突然変わるわけではありません。私たちの視点が変わるだけです。けれども恐らく、その見え方は全く異なるものになるでしょう。今まですばらしいと憧れていたものが、別にどうということもない物に見えたり、逆に今まで振り向きもしなかったものが、とても大切であることが分かったり…と。そこに待ち構えているのは、むしろワクワクするような魂の冒険かもしれません。場合によっては、いまある全てを生かしきることができるかもしれません。むろん回れ右をしての話ですが。

ここでは私たちが回れ右をしたとき、どのような見え方、感じ方になるのかという点で、未来へのいくつかのてがかりになりそうなものを以下に挙げてみました。

古代人のちえ

かつて未開社会の各地で行われていたトーテム信仰は、社会と自然とのある種の統一、私たちの目から見れば一見不思議な統一の仕方を示しています。トーテムとは、社会の単位となっている親族集団が神話的な過去において神秘的で象徴的な関係で結びつけられている自然の事物です。それには主として動物や植物が当てられ、その多くは集団の祖先とみなされています。

しかしこれは、ある意味ではむしろ非常な真実と洞察にあふれています。まず進化論的にも私たち人類は他の生物から派生してのみ生まれ出ることができたのです。この際それが猿かどうかということは問題ではありません（最初から人間の形でいたとするよりもよほど科学的にも真実に近い）。むしろ、ヒトがいかに他の生物や自然との関わりあいの中でしか生きてこられなかったか、そしてこれからもその中でしか生きてゆけないのだということを、トーテム信仰は生き生きとした形で社会的に絶えず確認しているシステムといえます。

数万年以上にもわたって、自然と深いレベルで結ばれてきた（オーストラリアの）アボリジニ文化を紹介したR・ローラーは次のようにいっています。

アボリジニは、現代人をひどく苦しめている二つの概念、つまりは、「流れゆく時間」と「所有の蓄積」という概念を表す言葉を持ち合わせていない。……アボリジニは、農業するために大地を一掃したり、ズタズタに引き裂いたりはしなかった。組織的な搾取や屠殺のために、動物を家畜化したり、植物種を意のままに栽培したりすることもしなかった。家を建てることで、絶えず変化する自然とその驚異に対する天性の適応能力を捨て去ることもなかった。さらにはまた、衣服に身体を包み込んで、自分の生命力や性的特徴を抑圧することも、自分のアイデンティティを偽ることもなかった。アボリジニにしてみれば、そうした慣習はすべて、悪夢と化した「大地の夢見」なのだ。実際、われわれ西欧人は、こうした慣習のせいで、自然環境を一変させ、冒涜し、自分の生命をも疎外してきたのである[41]。

通常「文明社会」は農業によってもたらされたと、私たちは教えられます。そしてそれ以前を一般に「未開社会」といい習わしています。さらに、現代は「文化生活」を送っているともいいます。しかし考えてみると、現代の「文化生活」は一万年はおろか、ここ数十年ですら継続できるかどうか怪しい代物です。それなのになぜ「文明社会」、「文化生活」なのでしょうか。逆に、実際に数百万年を生き抜いてきた狩猟採集の民がなぜ未開なのでしょうか。未開で野蛮といわれても仕方ないのは、実は自然を破壊し自爆しようとしている私たちの方ではないでしょうか。

しかし知識の量としては、古代人と比較して現代人の方が圧倒的に多いといわれるかもしれません。具体的な知識の量でいえば、アボリジニは動植物や自然現象に関しては驚嘆するほどの多くの細かいことを知っています。例えば、太陽の一時間毎の位置における名前が全て異なるというほどです。これは狩猟採集で生きるための知恵から来るのでしょうが、いずれにせよ単純に量を比べることはできません。

ここで注目したいと思っているのは、「知る」ということに対する彼らのある態度です。
このことと関連して、ネイティブ・アメリカン・ピープルの世界に己の（そしてまた地球人の）アイデンティティを見出した北山耕平は、ネイティブな人たちの聖なる教えの多くは次のように伝えているといっています。

もし人がすべてのことについて説明しようとしたり、この宇宙を隅々まで探検して、未知のものが何ひとつなくなってしまうようなことにでもなれば、たとえようもないほどの災いが、その人たちを襲うだろう。彼らはその時には人としての道をはずれ、神のようにふるまうからだ[42]。

実は私はこれをみたとき、現代数学最大の発見ともいえる「ゲーデルの不完全性定理」を思い浮かべたのです。K・ゲーデルの（第二）不完全性定理とは「算術を含む形式的体系の無矛盾性は、その体系内では証明できない」という主張です。これはもともとは、全数学の無矛盾性に関する絶対的証明を手に入れたいという二〇世紀初頭にかかげた「ヒルベルトのプログラム」の破産宣告でもありました。難解な数学的議論は別にして、私はこの定理に、次のようなイメージを重ねたのです。すなわち「われわれ人間は誰もが、自分のこの世での存在を事前に思惟して、その結果としてこの世に出現してきたわけではない。われわれの思惟の前に既にわれわれの存在があり、われわれの存在の前に、それを産み出した外の世界がそこにあった。われわれの思惟も存在も、それ自身で自己完結しているものは何一つない。

全てがその外界との時間的、空間的連関の中で部分的、条件的に説明されるにすぎない」というものです。ゲーデルの定理とは、このことを数学という学問の範囲内で、数学的な厳密さをもって証明したことになるのではないかと思いました。

そして私は、この思想がネイティブの聖なる教えの中心の一つに通じることに衝撃を受けたのです。しかもここでは、それ（＝全て）を知ろうとすること自体が災いをもたらすといいます。なぜでしょうか。

私がここに読み取る思想は「人間は他の生物と違って自己意識を持つ。自と他の区別である。この自己意識が肥大化してくると、外の世界、他の人間や自然をコントロールし、自分の所有物にしたいという欲求が生じる。それがさらに高じると、例えば、人間があたかも自然から独立し、外から自然を支配しつくせると思えてくる。いい換えると神の視点に立てると。これに歯止めがかからなければ、そのことが災いをもたらす。つまり、自滅への道が待っている」というものです。

地球の有限性が問題になるほどまでに発達した現代の科学・技術の下で実際に起きようとしていることは、まさにこの予言通りではないでしょうか。文字を持たない（あるいは文字を持たないがゆえに）彼らがすでに、自然と人間の関係の危うさに気づき、自然の中の人間として生き残る叡智を身につけていたのではないでしょうか。

ヒトをとりもどす

人間はヒトという生物であることを止めるわけにはいきません。そして(人間による)環境破壊によって攻撃を受けているのは（他の生物たちと共に）まさにこのヒトの部分なのです。それはおそらく身体外的器官を発達させ自然と切り離された環境に自らをおくことによって、自然環境にも自分の身体（ヒト）にもしだいに無頓着になっていった結果でしょう。この身体（ヒト）にたいする無頓着、さらには身体（ヒト）の締め出しこそは、現代の疎外という感覚の一番の根底にあるものではないでしょうか。

なぜなら、幸とか不幸とかはヒト（身体）が感じるものだからです。そしてこの身体（ヒト）は分離されのけ者にされたことによって、当然欲求不満が生じます。この欲求不満によって、金や物に取り付かれた現代人は（金や物で幸せが得られると誤解して）ますます金や物にとりつかれてゆき、心休まるところがないのです。原子爆弾を何万発も作るなどという、もはや愚かさを通り越して滑稽ですらあることを、それでも止められなかったのは、こののけ者にされたヒトの影におびえ、駆り立てられたからという以外のどんな説明がつくでしょうか。

私たちは所詮、自分の身体しか所有できないのです。それなのに他の人間や物や自然を所有・支配しようとすれば（本来は自分のものでないので）不安にかられ、ますます自分のものだという確かな感覚を求めて、所有欲・支配欲にとりつかれてゆくのです。ですから、この悪循環を断ち切ることが、いま決定的に重要でしょう。

本当は、自分の身体ですら「所有している」という表現はあまり適切ではないでしょう。むしろこの身体を通して、自然・社会・宇宙といった外の世界と自分とがさかんに交流しているというのが生命本来の姿でしょう。私たちが片時も中止することができない呼吸ひとつとってもそのことが実感されます。第8章で見たように、「環境によって生かされている」のが、人間を含めたあらゆる生命の実相です。

ここまでくれば、私たちがヒトの感覚をとりもどすことが、環境問題解決に向けての極めて重要な第一歩であることが分かるでしょう。自分の身体(ヒト)をとりもどし自然と交流してゆけば、自然に対する支配とか、人間に対する支配などといった欲望はどこかへ雲散霧消していくのを感じるはずです。なぜならヒトは自然(そしてむろん、この中には他のヒトも入っている)の中に、多様な関わり合いの一メンバーとして既に在るものだからです。自然と人類との統合をもう一度目指すのであれば(そしてそれ以外に人類が生き延びる方法はない)、まずは自分の中にある自然つまりヒトをとりもどすことでしょう。

これは分かってしまえば、ずいぶんと単純な話です。いますぐにでも取り掛かることができます。これが難しく思われるのは、身体と自然との交感が現在は、非常に希薄になっているためです。ルソーも警告しているように、身体外的器官が発達すればするほど私たちの身体内的器官、つまり私たち自身の身体そのもの(ヒト)への感受性は退化していっているようです。しかし、私たちが自分の身体(ヒト)という感覚をとりもどすことができなければ欲求不満はつのる一方で、これによって駆り立てられた科学・技術がいかに進んでも、それは事態を悪化させるだけでしょう。

私たちはいまいちど一人ひとりが、自分は本当には何を求めているのか、自身の身体に聞いてみることです。私たちの身体はどのように生きたいと思っているのでしょうか。

私はここ二〇年近く、自分の講義の初めころに「自然と語る」という時間を一コマ設けています。約一時間「人とは話をしない」という約束だけをさせて、教室を出て自由に自然と語ってもらっています。自然と交流できない身体(ヒト)では、何をどう勉強しても所詮むなしいと思うからです。一時間ほどして教室に戻ってもらった後は、「創作をしないで、感じたまま体験したまま」を自由に書いてもらいます。

以下は最近の学生たちが書いたもののいくつかです。私が人間不信に押しつぶされることなく何とかバランスを取り戻せるのは、このようなヒトの部分に接したときです。

外にでていけといわれ、とりあえず出た。が何をすればいいんだろうと思った。「自然と語る」というのが、今日の課題みたいなので、とりあえず人がいない林の中に入っていった。そして一通り、林の中を歩いて見た。木の枝の先にトンボが止まっており木と木の間には、クモが巣を作っていて、しゃがんで進まなければならなかった。奥へ奥へ行って、ある程度したところで、突然足をとられた。ふと見ると竹のねっこみたいなものが、ちょうど足にかかるような感じに出ていた。そこで、いろんなもの音がしていた。そこに座って、目を閉じてみた。ゲロゲロと音が聞こえてきた。カエルがこんな林の中にいるんだなぁと思った。他には、チィチィと鳥のような声が木と木の間をすりぬけてくる。風の音、木の葉がざわめく音などがした。もっといろんな音を聞いてみようとながいこと、そこで座っていた。ガサガサと音がした、人が入ってきた音だろうと思って、見てみたらやっぱりその通りだった。その後すぐ近くで落ち葉でガサっとしたので何かと驚き、見てみたら、大きなカマキリがいたので逃げてきた。

今回は、林の中で目をとじ、木の葉がざわめく音や風の音がなり響く中で普通じゃ、聞こえてこないような、生物たちの物音を感じてみた。鳥の声など三羽ぐらい違うところで音がしていたり、昆虫の物音など、だいたい頭のなかで場所などの位置を感じとってみた。その後、カマキリから逃げて林をでたあと、いい時間だったので教室に戻ろうと思った。その前にトイレをすまし、カガミを見たとたん、ほっぺたが蚊にくわれているのを発見した。さすがに蚊の音を感じとることができなかった。一人で自然の中で遊びみたいなことをやっていたが、自然の中にいると、勉強で疲れていたのに、その後何故かふきとんでいた。自然の中にいると、何故か落ちついた。今度は、もっと自然の物音や特に蚊の音まで感じとれるようになってみたくなった。


（ＹＳさん）


グランドにいくと、今日は風が強かったため木々がゆれ動いていた。大きくゆれては止まり、またゆれて止まる。それが何度もくりかえしおこっている。一定のテンポをきざみ、ファサファサと葉と葉がこすれあい、重なりあっていた。風が指揮をし、木がその命令をうけてるかのように感じた。

横になり真上を見ると青い空が一面に広がっていた。その中に白い雲がポツポツあったり、大きいかたまりもある。小さな子どもが紙の上に無造作にこぼした絵の具のようだった。

目をとじてもまぶしいくらいの太陽の光が頭の中を真っ赤にさせる。自分にも真っ赤な血が流れていて、生きているということを実感した。
（ＯＭさん）

大学の裏の竹林に行った。

今日は風が強くて、竹が「カラカラ」ぶつかる音や葉が「ザワザワ」音をだしていて、林の中で寝転んで目をつぶっていると音楽を聞いているような気分になった。気持ちよかった。

帰りは、走って帰ってきたから、全身で風を感じて、自然に溶け込んでしまいそうだった。
（ＴＹさん）

空がとても青く、ひんやりした風が心地良かった。

きんもくせいの匂いが時折して、心が落ち着いた。

歩くたびに影が追いかけ、太陽の光が山をもっと鮮やかに映し出して、竹林が風でしなってウェーブをしているようだった。

建物のガラスに空も山も私も映り、反射した光がきらきらしていた。人工物も自然と同じくらい綺麗だと感じた。

太陽の光は思っていたよりもあたたかく、明るいものだった。花壇の中でも生存競争があったなんて思いもつかなかった。木の葉も一枚一枚色も形も違うなんて今まで気づかなかった。自然と人間社会、共存していけるような環境づくりができないものかと、今回の授業で考えさせられた。
（ＭＥさん）

駐車場の奥の竹やぶに入ってみた。そしたら〈立入禁止・地主〉という看板があって、せつない感じがした。

本来、自然は誰の所有物でもないはずなのにと思った。

竹やぶに入るとき、駐車場から竹やぶを見ると、狭いのに、なんだかわくわくする気持ちになった。けれど竹やぶから学校を振り返ったとき、背の高くてかくばった校舎と、コンクリートの広い駐車場とたくさんの車を見た瞬間、なんでか分からないけど、不安な気持ちになった。校舎に入る前にもう一度竹やぶを振り返ったら、竹やぶが学校の敷地の端の方に追いやられたようにも見えた。

私たちの生活の場は、多くの建造物と少しの自然で成り立っているように見えるけれど、本当にこのままでもいいんだろうか??

（ＡＫさん）

自然の音は、聞こうと思わなければほとんど聞こえない。逆に、高速道路を走る車の音や人工的な音は、意識しなくても聞こえた。

自然は、たくさんあるように見える場所でも人工的な物が近くにあっただけで、もう音が聞こえなくなる。自然の音は意識しない限りは聞こえなかった。

（ＨＴさん）

今日は風がとても気持ち良かったです。木の緑に光が反射していて、キラキラ光っていて純粋にキレイだなぁと感じました。空の色も真っ青で見ていてとてもさわやかでした。雲は風に流されていて、どんどん形が変わっていき、見ていて飽きませんでした。一通り歩き回ったあとに座って木を見てボーっとしていましたが、木もよく見ると、単に緑色ではなく、所々色が変わってきていて紅葉してきていました。私は夏は緑、秋は赤茶色の木の葉しか頭に浮かばなかったので、一部がだんだん茶色っぽくなっている葉を見て、とても新鮮でした。（SMさん）

校内を色々と歩き回ってみました。

入学当初から、四日市大学は自然が多いなと感じていましたが、今日この機会に改めて大学内の自然を見渡してみると、今まで何気なく歩き過ごしてきた風景が少し一変して感じられました。

普段、意識を向けて見るわけでもない木々を「感じよう」と心がけながら見ていると、細かい葉や幹の色が鮮明に視界に入って来て、今まで見て来た風景とは違う風景を見ている様で、何か自分の中に鮮明なものを感じ、どこかすがすがしい気持ちにさせられました。

また校舎と自然が調和されている所も見付け、そこに建設した人の気持ちを少し感じた。当たり前の様に身の回りにある自然の人の内側に与える影響は凄いと思いました。（TYさん）

主体はだれか

L・R・ブラウンはワールドウオッチ研究所を三〇年以上前に創設し、『地球白書』『地球環境データブック』などを毎年刊行し、数々の貴重なデータを世界に向かって発信する活動を展開しています。彼はまた、二〇〇一年にはアースポリシー研究所も創設し、最近は『プランB──エコ・エコノミーをめざして──』という著書で彼のアイデアを世に問うています。

そこでは、まず二〇世紀後半の経済活動を今後も続けるという選択肢を「プランA」と名づけています。そして、これを選択した場合の環境の劣化、気候変動、世界経済の崩壊を受け入れることはできないとして、新たに「プランB」を提案しています。「プランB」は税制を改革し（所得税を減税し、環境を悪化させる行為に対する環境税によって環境的コストを内部化する）、市場に生態系の真実を反映させるような経済の再構築を中心としたもので、彼はこれを唯一の実行可能な選択肢と見なしています。

ところでここで問題にしたいと思うことは、ブラウンが、「プランB」の実行はアメリカがリーダーシップをとらなくては難しいだろう、といっている部分です。しかも、「アメリカは第二次世界大戦に遅ればせながら参戦したが、このときアメリカが示したような指導力が今まさに必要なのだ。……目標の達成に必要な財源は、確保することができるだろう。現在欠けているのはリーダーシップである。過去が未来の指針になるとすれば、リーダー役を果たせる国は、アメリカをおいて他にない」[43]とまで断じています。

ここまで来るとかなりの違和感を覚えるのは私一人でしょうか。世界一の核開発国、世界の四分の一の炭酸ガス排出国、世界一の遺伝子組換え食物生産国、こういう国によるリーダーシップとはどのようなものか、などということはここでは問わないことにしましょう。ここではもっと本質的なこと、もうそろそろ、どこかの国がリーダーシップをとって世界の環境問題を解決する、といったような発想自体を変える必要があるといいたいのです。結局それは環境問題に名を借りた、人間支配、自然支配、世界支配、つまり旧来の路線につながるものではないでしょうか。このような発想が根本的解決にならないばかりか場合によっては極めて有害な影響を及ぼすことは、例えば、現在アフリカで生じていることが象徴的に示しています。

「環境学」からアフリカ大陸に入り込み、ザンビア大使の経験までした石弘之は、「アフリカに対して何をすべきか」の前に「何をすべきではないか」をまず考えるべきだと述べています。いまアフリカでは国の政策も海外からの援助を前提に進められ、そうした依存体質がアフリカの発展を大いに阻んでいるといいます。例えば、

> 飢餓のたびに、欧米から援助される良質の小麦やトウモロコシが無償で配給されるために、アフリカ人の食生活が変わり、雑穀の生産に頼っていた農業は競争力を失って、いよいよ農民は貧困化している。
>
> 先進国から大量に寄付される古着によって、零細なアフリカの繊維産業は風前のともし火で、その受け入れを禁止する国もあらわれた[44]。

昨年私がアフリカに行ってみようと本気でそう思った最大のきっかけは、友人のいう「エイズや貧困で打ちのめされているけれども、一番の問題は、若者たちが主体的に働くという意欲を失っていることだ」という言葉にショックを受けたからでした。そして事実、援助物資を待って暮らしている青年たちに、半砂漠の地を耕し井戸を掘って水を引き（一メートルも掘れば水は出るという）作物の世話をする、などというしんどくて地道な努力をさせることは至難の業のようでした。ただし、中高年の女性たちだけは、たとえわずかな稼ぎでも黙々と働き、一緒になればよくしゃべり陽気に歌い踊っている姿は実に印象的でした。

つまり、まずしなければならないことは、世界中のあらゆる地域で、日本中のあらゆる地域で、そこに生きる人たちがその地域の主人公、主体であるというごく当然のことを確認することでしょう。そしていま最も必要とされているものは、あらゆる地域で豊かで多様な闘いを組むこと、そしてその経験や情報を互いに交流しあうことではないでしょうか。この地域毎の多様性は、そのまま生物の多様性とも相通じるものです。さらにここでいう闘いとは、過去のそして現代の人間の愚かさに対する闘いです。

ブラウンは「過去が未来の指針になるとすれば」といいました。私も過去を未来の指針にしたいと思う者です。私は四日市に住んでいます。その私に、最近ようやく見えてき始めたものがあります。それは、この地域で過去に何が起こり、現在何が起きつつあり、これが世界の地球環境問題とどうつながっているのか、そして私たちが地域で何をしなければならないのか、といったものです。

13

公害は終わっていない

近年、基準を越す有害物質を排出しながら測定値を改ざんするなど悪質な不祥事が大企業で相継いで発覚しています（出光興産愛知製油所、神戸製鋼所加古川製鉄所、昭和電工千葉事業所、等々）。グローバル化や規制緩和の中、公害防止の設備投資も減っているのです。資本金一億円以上で公害防止の規制対象となっている全国の企業の投資額は、一九七五年度の九六四五億円をピークに減り、二〇〇五年度は一一一〇億円と激減し過去最低になりました。他方で全国の自治体の大気と水質の立ち入り調査件数は、一九八六年度の一三万八〇〇〇件をピークに二〇〇四年度は六万九〇〇〇件と半減しています[45]。

これは一体何を示しているのでしょうか。

一九五〇年代、六〇年代の高度経済成長期は、他方で深刻な環境被害、健康被害を引き起こしました。そして公害が社会問題になった一九六〇年代、七〇年代には自治体も条例や公害防止協定で企業への規制を強め、立ち入り調査も頻繁に行っていたのです。

ところが、一九七四年のオイルショック以降、日本経済は高度成長から低成長の時代に突入しました。

同時に公害が（表面的には）一段落し、地球温暖化や自動車の排ガスなど新たな問題が出てきました。そしてこのころから「公害は終った」という主張があちこちで聞かれるようになり、「公害」という言葉が「環境」という言葉に置き換えられるようになったのです。一九八七年には「公害健康補償法」が〈見直され〉、四一指定地域が全面解除され新たな認定も行わない、ということになりました。

はたして「公害は終った」のでしょうか。ここでは私自身が身近に見ることになった事例をもとに、これを検証してみたいと思います。

二〇〇五年夏、四日市を揺るがした二つの産業廃棄物大事件が発覚しました。ひとつは石原産業による「フェロシルト」事件、もうひとつは大矢知・平津地域にある全国一の産廃不法投棄の発覚です。私はといえば、いよいよ来るべきものが来たなという思いを強くしました。

廃棄物・汚染問題をたどっていくと、人間が過去に犯した過ちと、現在も引き続いている行為と、それらが未来にもたらす影響のつながりが実によく見えてきます。

公害は続いている——「フェロシルト」事件を通して——

一九六〇年代高度経済成長期、日本列島は大気汚染・水質汚濁などによる四大公害を初めとした公害が吹き荒れました。現在は、日本の各地で産廃の不法投棄問題が吹き荒れています。実はこの二つの現象は深く結びついているのです。それを「フェロシルト」事件を通して見てみましょう。

一九六七年九月、磯津公害患者九人が四日市コンビナート六社を相手どって訴訟を起こしました。その後の五年間は大気汚染を中心とした、いわゆる四日市公害裁判が繰り広げられ、石原産業はこの公害訴訟の被告企業のひとつでした。

他方で石原産業は、酸化チタン製造工程で生じる廃硫酸を四日市港に排出していました。pHが約2という強酸性の工場廃水を、毎日二〇万トンも一年近くにわたって垂れ流し続けていたのです。つまり石原産業は海も空も汚してきました。そして一九六九年にようやく港則法違反などで告発されることになりました。

さて廃硫酸垂れ流しに有罪判決が下った後、石原産業はどうしたでしょうか。物質は不滅です。垂れ流されていた硫酸廃液は、たとえわずかでも自然に消滅してしまうことはありません。そこで石原産業は、これを石灰で中和・ろ過処理した後、沈殿物のアイアンクレーを各地に投棄することにしました。海に捨てていた廃硫酸が、今度は形を変えてアイアンクレーという汚泥になったのです。

アイアンクレーは酸化鉄と石膏が主成分で、酸化鉄のためにチョコレートのような赤茶色をしています。これには重金属や有害物質、さらにウラン、トリウムなどの放射性物質も含まれ管理型処分場で埋立処分されなければなりません。埋立処分料はトン当たり八四〇〇円、産廃税（二〇〇一年導入）はトン当たり一〇〇〇円です。むろん不法投棄もあり、例えば四日市市楠町の六ヵ所に約三八万トンが投棄されたことも判明しています。さらには、一九七七年までは最終処分場は法規制の対象外で実質野放しにされ、後述する大矢知・平津地域にも一九七〇年代にはアイアンクレーがさかんに投棄されていたということです。

ところが二〇〇一年ころより石原産業の産廃、汚泥の埋立処分量が、「経費」削減のため極端に減少し始めたのです。例えば、一九九九年に約七万二〇〇〇トンだったものが、二〇〇三年には約一万五〇〇〇トンという減りようです。削減のためのどのような「工夫」がなされたのでしょうか。

まず二〇〇一年からは、（実質アイアンクレーと変わらない）「フェロシルト」なるものを土壌埋め戻し材としてトン当たり五〇〇円で売り出しています。この主成分はアイアンクレーと同じく酸化鉄と石膏で、放射性物質も含んでいます。しかもあろうことか「フェロシルト」の製造ラインに、産廃になる有害物質を含む廃液などを混入させ、環境省や三重県の立入調査の時はパイプの切り替えなどをして混入を止めていたというのです。さらに運搬業者には、トン当たり一五〇円で売り、トン当たり三五〇〇円の「開発費」（実際は「引き取り料」）を支払っていました。

驚くべきことに三重県は二〇〇三年九月、「有害物質は含んでいない」という企業側のデータを鵜呑みにし、「健康に影響はないと判断し」これをリサイクル商品として認定しました。

実際に生じたことは、判明している部分だけでも、愛知県、岐阜県、三重県、京都府の約三〇ヵ所に、およそ七二万トンという大量の「フェロシルト」が埋設あるいは野積みされるという事態でした。雨が降って大量の赤い水が流れ出し、環境基準を超えるフッ素や六価クロムが次々と検出され、各地で撤去を求める住民運動が生じました。こうしてついに二〇〇五年六月には、石原産業自らが取り下げ願いを出す形で県の（リサイクル商品としての）認定は取り消されました。そして約二〇〇億円以上をかけ、各地の「フェロシルト」と周辺の汚染土壌の約一〇六万トンを回収することになりました。

しかし、受け入れ処分場不足と撤去をめぐる住民との調整不調のため、現実の撤去作業には大幅な遅れが出ています。受け入れ先を確保できているのは、四日市工場近傍の三田処分場（約二一万トン）と福岡・神戸など各地の民間処分場（約三二万トン）で、回収量の約半分に過ぎません。当初の回収期限であった二〇〇六年八月末までには約五五万トンが回収されました（三田処分場に一五万トン、四日市工場内の仮置き場に四〇万トン）が、全量回収は二〇〇八年一月末まで遅れる見通しといいます。さらには瀬戸市の「フェロシルト」約一三万トンについては、安全として愛知県の撤去命令取り消しを求める提訴までしているという現状です。

こうしてみると結局「フェロシルト」事件は、四日市公害当事の水質汚濁が土壌汚染に化けただけで、本質は何も変わっていないということが分かります。しかも今回は四日市市だけでなく、三重県内、県外へも公害を持ち出し、むしろ汚染領域を拡大すらしています。さらにはこれが「リサイクル製品」という名を利用してなされたことは、環境保全運動に混乱を持ち込む極めて悪質なものとなっています。

私は「公害は続いている」という実感を強く持ちました。かつて四日市市は公害を克服したとして「快適環境都市宣言」を発表しました（一九九五年）。三重県は全国に先駆けて産廃税を取り入れるなど「環境先進県」をうたいました。そして現実はそうは行かなかったのです。

考えてみれば、これはむしろ必然かもしれません。なぜなら、かつて大気汚染、水質汚濁とさわがれた公害が、いまは姿を変えて廃棄物になったにすぎないからです。かつては工場の出す排気ガスや廃液が目に見えて周りの空や海を汚し、住民への健康被害も次々に現れました。いまは、工場のある場所とは全く無関係などこか遠くの土地に廃棄物が投棄され、目に見えない所で土壌や地下水が汚染されます。健康被害が出るのも、数十年あるいはそれ以上後ということになります。

ですから目の前の海や空を見て、公害が克服されたなどと思うのは大変な早合点です。少なくとも、どの工場にも不法投棄をさせない、どの地域にも不法投棄を持ち込ませない、（法施行以前も含めて）過去の廃棄物投棄場所とその汚染の状況を継続的に調査する、などということを効果的に実践しているのでなければ、とても「公害を克服した」などとはいえないでしょう。

現実に追いつかない法律

廃棄物の問題に関っていると、この分野ではめまぐるしく法律の改正がなされており、行政の担当官ですらしばしば当惑している様子が見られます。自治体や業者からは「覚えるだけで半年はかかる」という不満の声もあります[46]。一九七一年の法施行以来二六回も改正されているのです。しかも基本的に現実を後追いし、さらに現状を追認しているので、問題がどんどん膨れ上がりながら将来に持ち越されるという構図をとっていることが分かります。これでは現実の環境破壊に歯止めをかけることなど到底できないのではないでしょうか。

私が何かが根本的におかしいなと感じ始めたころ、『橋のない川』で有名な住井すゑの九〇歳の記念講演会の話を思い出しました。彼女はそこで、憲法の条文は多すぎてとても暗記できない、いっそ一条だけでいいのではないかという話をされたのです。その一条とは何かというと「ウソをつくな」というものです。実際に、南方の名もない、住民が一〇〇〇人ばかりの小さな島国では、「盗むな」「怠けるな」「ウソをつくな」という三ヵ条しかない憲法を持っているという話もされました。

彼女の話はさらに続き、人間は平等というがはたして何の前に平等かと問います。そして「時間の法則」の前にみんな平等であるとも語っています。身分は人為的につくられたものであり、人為的なものは絶対に法則には勝てない。いくら身分が高くても必ず死ぬのですから、誰も「時間の法則」には勝てないのだという話でした[47]。

ここには、自然と人為の違い、そしてそこから来る人間社会の矛盾した姿が、実に単純明快にあぶりだされてくるような気がします。確かに、人間が他の生物と決定的に異なる点の一つは「人間はウソをつくことができる」ということになるでしょう。人間だけがウソの世界、人為の世界、身体外的器官で取り囲まれた世界、カプセルに包まれた世界に住むことができます。やがてこの世界を秩序だてるものとして法律が現れます。

しかし、しょせん人為の世界の秩序です。そのウソがばれるのは、とりわけ自然の力の前に立たされたときでしょう。だからこそ住井すゑは、平等の基準を人為の中にではなく、自然の中に求めたのです。ついでにいえば、この考え方に立てば人間の間に限らず、死を免れ得ないあらゆる生物の間で平等ということが成り立ちます。あらゆる生物の間には上下貴賤の差はなく、あるのはただ極めて多様な（食物連鎖を軸とした）関わりあいの中で、一つの大きな地球生態系を互いに作り合っているというこの事実だけでしょう。

話を廃棄物に戻せば、ここは住井すゑのいうように、原点である「自然」という視点から見ることがとりわけ肝要と思われます。つまり、自然環境の中で、廃棄物中の（汚染）物質の流れが実際にどうなっているのかという観点から対応することがまず大前提でしょう。人間社会の都合や法律の解釈、はては個人の都合に合わせてウソにウソを重ね、責任のなすりあいを続けているうちに、肝心の自然には破局がおとずれるということでは元も子もありません。ところが現実の法律をめぐる動きはこのような（元も子もない）シナリオに沿っているように見えるのです。具体的に見てみましょう。

まず一九五〇年代の後半から高度経済成長期に入った日本では、四大公害を初めとして、各地の工業地帯でかつてないほどの公害による痛ましい被害が相次ぎました。このとき当然のことながら多量の廃棄物も同時に発生してきました。生産すれば必ず廃棄物も生じる、これが自然必然の大原則です。しかしこれに対する国の法律は、一九六七年の「公害対策基本法」に関連する法律の一つとして、ようやく一九七〇年一二月「廃棄物の処理及び清掃に関する法律」（廃棄法）が公布されました。

この法律で、一般廃棄物（家庭から排出される）と産業廃棄物（企業から排出される）を区別し、一般廃棄物は市町村が処理責任をもち、産業廃棄物はそれを排出する事業者に処理責任を義務づけ、その監督権を都道府県知事に与えました。しかしその内容をみると、処分業については許可制ですが、処理施設については届出制であって、しかも最終処分場に関しては処理施設の対象外にしたのです。では肝心の埋立処分についてはどのようになされていたかといえば、従来から行われてきた「衛生埋立」と称して土をかぶせて放置してきたという実態です。

一九七一年七月には環境庁が設置され、「衛生埋立」だけでは周辺環境への影響が大きく下流の河川水や地下水の汚染も予想されると、処分場の構造基準を作る必要があることが示されました。しかし、最終処分場が施設として位置づけられたのは、一九七六年の法改正（一九七七年三月施行）からです。しかもこれは届出制であって、なんと既存の最終処分場に対する届出の義務はなかったのです。ということは、この時期までは、実質は無法状態であったといってよいでしょう。

一九八〇年代後半再び廃棄物が増大し、化学物質が問題となってきました。そこで一九九一年の法改正（一九九二年七月施行）となるわけですが、ここでようやく廃棄物処理施設の許可制が導入されることになりました。ところがまたもや旧届出施設は許可施設とみなされたのです。つまり日本中で最も公害が激しく吹き荒れていた頃を含めて、この時期までの三〇年以上の間、企業によってさかんに投棄され続けた廃棄物の相当な部分が、どこに何が捨てられてあるかが分からないままに今もなお野放しという驚くべき状態が続いているのです。

その後、安定型処分場へのシュレッダーダストの埋立の禁止（一九九六年四月法改正）、廃プリント配線板・廃容器包装・廃石膏ボード・鉛などの埋立の禁止（一九九九年法改正）などと続きます。しかしここで注意してほしいのは、結局これらは（たとえ法律を守っていたとしても）改正法施行時点までは捨てられていたのであり、産廃処分場には、これらの汚染物質が堆積しているかもしれないという事実には何の変わりもないということです。

一九九七年には、全国的な産廃不法投棄の頻発、最終処分場の逼迫、施設の設置をめぐる地域紛争の激化などを背景として廃棄法が大きく改正されました。そのなかで、排出事業者からの拠出による基金制度（適正処理推進センター）の創設も盛り込まれました。

いったん起きてしまった不法投棄は、解決に膨大な資金が必要となります。国内最大級の数十万トンクラスの投棄量の場合、その撤去事業費は数百億円に上ります。豊島、青森・岩手県境、岐阜椿洞と次々に発覚する巨大な不法投棄を前に、二〇〇三年には「特定産業廃棄物に起因する支障の除去等に関する特別措置法」（産廃特措法）が一〇年間の時限立法として制定されました。

これは九七年の廃棄法施行以前から処理基準の規定に適合しない処分が行われた産業廃棄物に対して、二〇一二年度までの間に計画的にその後片付けを行うように、都道府県にその責務を負わせています。同時に国はその費用を適正処理推進センターが保管している基金から補助することを定めています。しかしその後の大量不法投棄の発覚などで、一〇年の時限立法である上に一〇〇〇億円程度の予算規模ということを見たとき、現状回復は極めて困難であることが分かります。実はすでに二〇〇四年度末の段階で判明した分だけでも、全国の未処理の不法投棄は一五八〇万トン、不法投棄等の事案の残存件数は二五六〇件もあったのです（環境省発表二〇〇五年一一月八日）。

現在日本では、報告されている分だけでも毎年およそ四億トンという膨大な産業廃棄物（一般廃棄物は五〇〇〇万トン）が排出され、すでに全国の処分場の確保は限界に近いところまできています。つまり物理的にも不法投棄せざるをえない状況に至りつつあります。大量生産・大量消費をつづけるかぎり、大量の産廃は不可避です。

以上見てくると、ここには何か決定的なものが欠けているような気がします。実際に生じていることは、自然が廃棄物によって汚染されているという事実です。これがまず第一番の重要問題です。そしてそれを取り締まるために法律はあるはずです。

確かに、次々と新しい化学物質が合成される現代においては、何が有害なのかは事前にはほとんど分からないといえます。これはこれでまた問題なのですが、いずれにしても有害と分かった時点でこれを取り締まる法律が必要になります。その意味では法律は後追いせざるをえません。

しかし、それにしてもここでおかしいと思うのは、例えば一九九一年の法改正で廃棄物処理施設の許可制が導入されたとき、旧届出施設は許可施設とみなすという発想です。ここでは、自然がどうなっているのかという一番の根本の重要問題がどこかにすっ飛んでいます。産廃特措法に関しても同じようなことがいえます。全国の不法投棄の現状をみたとき、なぜわずか一〇年の時限立法なのでしょうか。ほとんど理解に苦しみます。

二〇〇六年の九月に「中部の環境を考える会」で訪問したイタリアのエミリア・ロマーニャ州（イタ

リアの中央部に位置し九県三四一市、人口四〇〇〇万人以上）では、産廃不法投棄は（あったとしても）極めて少ないという話でした。ここはヨーロッパで一番汚染が進んでいる地域のひとつです。そして実施している環境対策のひとつに、一九六〇年代にさかんに出された廃棄物に関するものがあります。これら当時の廃棄物の有害物質を取り除くために、全て（約一〇〇ヵ所）の焼却場や処分場の近くを長期にわたってモニタリングをしているというものでした。

いま必要なことは、こういった自然そのものをまず調べるというごく当然な科学的態度ではないでしょうか。その上で、住民の安心・安全をいかに保証するかという観点から法が作られるべきでしょう。

どのようにして不法投棄全国一の山は出現したのか

では実際どのようにして巨大な産廃の山が出来上がるのか、その一例を大矢知・平津地域の産廃不法投棄の経緯に見てみましょう。

この地域は、東名阪自動車道の四日市東インターから南東へ約一・五キロメートルの所にある、深い緑を随所に持つ起伏の多い丘陵地帯です。近くを流れる朝明川は、はるか鈴鹿山脈から伊勢湾にそそいでいます。その河口には、いまではコンビナートの煙突で埋めつくされている海岸が、かつては白砂青松の砂浜であったことを唯一思い出させてくれる高松干潟があります。

〈産廃の山〉になってしまったあたりは標高およそ五〇メートルで、さらにその上におよそ五〇メー

写真１　池の向こうが産廃の山（提供は前川都直）

トルの〈産廃の山〉ができあがったのです。〈産廃の山〉といっても、下から見れば周囲の緑に溶け込んで、とても産廃には見えません。写真1は東側の池（用水ようの溜池）から見たものですが、池の後方に見える真ん中の〈山〉がそうです。

この地域一体は昔からよい砂が出るということで、さかんに土砂が掘り出され、とりわけ東京オリンピック後の建設ラッシュ期には多く採取されました。そして土砂採取後の穴に、石原産業のアイアンクレーをはじめ、複数の業者によってあらゆる廃棄物が持ち込まれたといわれています。今となっては投棄された時期も場所も中身も分からずじまいですが。

この地で有限会社川越建材興業が産業廃棄物の処分業を開始したのは一九八一年三月です。当時の廃棄法では最終処分場は届け出るだけでよく、川越建材による届出面積は六八〇八平方メートル、届出容量は四万立方メートルでした。実際にはすでに多量の廃棄物が埋められており、それをいったん掘り返して、さらに深い穴を掘って投棄したので、全体にごちゃ混ぜになっているという話です。

やがて池の向こうに〈産廃の山〉ができ始める頃から、この池の水の色が変わり始め、地元では騒ぎになりました。この池は蓮の花の咲くとても美しい池で、子どもたちから〈ひょうたん池〉と親しまれていました。その水の色がだんだん黄色を帯び、やがて汚く赤茶けてきたのです。この用水を使っていた農家から、これでは農業ができないと自治会に苦情が寄せられました。一九八五年頃に〈山〉が一番膨れ上がり「何でも捨てられる」という風評も立ったようです。当時はどこへ訴えてよいか分からず、地元の古家自治会の愛郷会が市を通じ北勢県民局に苦情を申し立てたこともあります。

ところが一九九〇年二月川越建材はさらに埋立増量を届出、県がこれを受理しているのです。しかもこのときの届出面積は五万八八五四平方メートル、届出容量は一三二万立方メートルという、容量でいえば一〇年弱でいっきょに三三倍にも膨れ上がっていたという驚くべきものでした。そして住民はといえば増量の届け出の事実すら知らなかったといいます。

実はそれ以前、一九八八年に県は「三重県産業廃棄物処理指導要綱」を制定していました。それは処分場の新設や拡張の際に必要な事項を定めたもので、その中心は事前協議会の開催です。そしてこの協議会に提出される事業計画書の中には、周辺五〇〇メートル以内に居住する住民からの三分の二以上の同意書も必要とされていました。

つまり、一九九〇年の埋立増量の届出のときには、この指導要綱は全く無視されていたのです。そし

写真２　1991年頃の産廃の山の上（提供は前川都直）

て単なる図面審査だけで事前協議もありませんでした。それどころか、このとき農地法、森林法、砂防法などに関わる許可も一切経ず、届出以前に事前着工していたという事実に関しては一片の始末書を書くだけで許されたということです。

さらにいえば、一九九一年の法改正では処分場が許可制に移行することは恐らくすでに分っていたはずでしょう。すると通常の感覚であればむしろ許可制に準ずるほどの厳しい態度で臨んでも当然のところを、自らが制定した要綱すら無視し、さらに違法な受理をするというこの異常さは一体どこからくるのでしょうか。少なくともここには、自然を破壊から守ろうとか、住民の安全・安心を重視しようといった本来あるべき姿勢を見出すことは困難でしょう。

さてこの頃になるとさすがに住民側も、許可分を大幅に超過しているのではないかと疑いを持ちはじめ、再三にわたって北勢県民局に苦情を申し立てるようになりました。県は池や周辺水などの調査には来るのですが、具体的な指示や指導はありませんでした。写真２は当時の〈山上〉です。クレーンやトラックを用いて、盛んに穴を掘り投棄している様子が分かります。

一九九三年から一九九四年にかけては大矢知町自治会の土木委員が中心となり、産廃容量の測量調査や川越建材の処分業の中止を県に要望するようになりました。県もようやく、処分場外の廃棄物の投棄については二回の警告をおこないました。また一九九四年三月には、何と〈川越建材による〉測量結果の説明を受け、三八万立方メートルの不法投棄が「判明」しました。そこで県は、届出外の撤去の改善命令を三月と八月の二回出しました。川越建材はすでに一〇月には許可期限を満了しており（五年毎の更新制）、県は改善命令を履行しないからという理由で更新を認めませんでした。ここにようやく川越建材による産廃処分業が廃止されたのです。

このとき住民側は、これでとりあえず廃棄物の投棄はなくなるであろうと、それ以上は後処理についてもあえて追求しませんでした。

ところが県は、以後約一〇年間にわたって何ら行政措置もせず、〈産廃の山〉をそのまま放置し続けてきたのです。本来であれば、少なくとも三八万立法メートルの不法投棄が判明したのですから、二回の警告と二回の改善命令を出しただけで終わるなどということは考えられないことです。たとえ川越建材が廃業したところで、現実に存在する不法投棄が消えて無くなるわけでもありません。

現実に起こったことは、その後も二〇〇〇年頃まで、特に夜間に高速道路などから来る車によって、廃棄物の不法投棄が引き続いたということです。さらに一九九六年にはシュレッダーダストの埋立が法的に禁止されていたにもかかわらず、この〈山上〉では盛んに廃自動車の解体作業がなされていました。

ついに、二〇〇〇年四月大矢知町自治会では産廃委員会を作り、一二月には自治会が川越建材にボーリング調査を求めて二ヵ所に観測井戸を掘らせ、自治会として初めて現地視察をしました。これらの井戸から採水したサンプルの水温は二七℃ほど、いずれも「ドブのようなキツい臭いがした」といいます。二〇〇一年には県も、処分場外で観測できる井戸を掘削するよう川越建材に指示しました。この年には川越建材の代表である舘芳英が死亡し、排出企業のリストアップなどに必要な記録もほとんど無い状況で、ますます対応は難行することになりました。この間二〇〇一年から二〇〇二年にかけて、川越建材が実施した井戸の調査では、ベンゼン、ヒ素、鉛が環境基準を超えて検出されています。

二〇〇三年、大矢知町自治会は産廃委員会を中心に質問書をまとめ北勢県民局に提出し、県の回答「実態を調査しないと分らない」を得ていますが、二〇〇四年二月には県、市と協議し、三重県環境森林部長宛要望書を手渡しました。この中には産廃容量の調査の要求もあり、三月の県の回答を経て、七月にようやく県は本格的な測量調査を開始しました。この間、二〇〇五年三月には〈山上〉で火災事故が発生し、当時ここに数百台の廃車が野積みされていたということです。

やがて県による測量調査結果が二〇〇五年六月に発表されました。報告は驚くべきもので、違法・許可外部分がいつのまにか日本一の約一六〇万立方メートルであることが判明したのです。総産廃量にすると約二九〇万立法メートルという全国（主として関西）から集められた、およそ高さ五〇メートル、広さ一〇万平方メートルの広大な〈ゴミの山〉が出来上がっていました。

ところがこの〈山〉は、下から見れば周辺の緑に同化し、遠くからは美しい緑豊かな丘か、小山にしか見えないのです。近づいて〈山腹〉を少し掘れば、コンクリートガラや木くずなどの建築廃材、廃プラスチック、廃タイヤ、コード、ビニール、発泡スチロールなど、次々に泥にまみれた醜い姿が現れてきます。〈山〉からはどす黒い油の浮いた水が流れだし、化学物質の刺激臭が漂う場所もあり、黒いヘドロもたまっています。

県による測量調査結果の発表があった六月に大矢知町自治会は「大矢知の環境を守る会」を発足させ、以後ここを中心に、県との交渉を重ねることになります。県は七月に〈山上〉で解体作業をしていた複数の業者に「自動車解体くず等の撤去の改善命令」を出し、一二月までにはこの撤去が完了し、ここに来てようやく一切の不法行為が終了することになりました。

同年の一〇月、一二月には、県環境森林部による初めての汚染調査報告がなされました。結果は「廃棄物・土壌溶出試験」では七二検体中、四六検体で環境基準を超え、許可外投棄周辺の地下水からは、最大で環境基準の一四倍のホウ素や、三・一倍のダイオキシン類も検出されたというものでした。

二〇〇六年に入って、一月、三月、六月と三回にわたって、六人の学識経験者らで構成された「安全確認調査専門会議」が開かれました。しかしその結果報告は「直ちに人体など生活環境保全上の重大な支障のおそれはない」というものでした。この間、新たなボーリング地（周辺）で環境基準の二八倍のヒ素が検出された件に関しても、今後モニタリングを続けるという以上の方向は打ち出されませんでした。

この年、六月の県議会で、県はいったんは「事業者による許可区域外の部分六八万立方メートルに関しては撤去の措置命令を出す」（許可区域内については、事業者による覆土と雨水排水対策）という方針を出しました。ところが環境省におもむき「許可区域内・外で命令の内容を分けるのであれば説明がつくようにする必要がある」との助言を受けたとして、さらに「安全確認調査専門会議」からは「内・外の区別なく覆土及び雨水排水対策を講じさせるべきである」との意見を得ているとして、九月の議会では一転して「許可区域内・外を一体とした覆度と雨水排水対策」という方針に切替えたことを報告しました。しかもこの間、地元住民への説明も相談もありませんでした。

ここにきて、まるで振り出しに戻ったかのような県の対応に、住民からは強い反発と不満・不安の声が上がりました。むろん「覆土と雨水排水対策」でよいという結論もありえます。しかしそれならばそれで、十分に納得のゆく根拠を示す必要があるでしょう。とりわけすでに巨大な〈産廃の山〉がそこにあるのですから、これが処分場周辺地域にどのような土壌汚染や地下水汚染の影響を与えているのか、あるいは今後与えうるのか、という広範囲にわたる総合的な調査が必要です。現状ではこのような全体像はほとんど見えてきません。

県の姿勢と、〈産廃の山〉の傍で生きている住民の切実さとの間には、さらに一層深い溝ができたようです。

この先、この産廃問題がどう展開していくかは、現時点では全く未定ですが、これは決して単なる一地域に限った問題ではありません。さらには現在だけの問題でもありません。過去の公害時代からの廃棄物を引きずり、このまま放置すれば孫子の世代にはさらに莫大な負の遺産を背負い込むことになるでしょう。しかも対策が長引けば長引くほど現実に放置された汚染も広がり、ますます取り返しがつかなくなります。

これが熱力学第二法則です。なぜなら土壌汚染や地下水汚染は、汚染物質が雨水などによって土壌や地下水に拡散したエントロピーの高い状態で、これは自然には元の汚染物質の塊に凝縮してくれない不可逆過程だからです。産廃の塊はそれを撤去すれば（コストはかかっても）汚染の原因を取り除くことはできます。しかし産廃から染み出る（有害物質を含んだ）汚染物質による土壌汚染や地下水汚染はいったん起きてしまえば、これを除くことはほとんど不可能です。

しかも汚染の実態を明らかにする検査そのものにも、大変なコストがかかります。一ヵ所ボーリングするだけで数十万円かかり、そこから採取される各種の化学物質の分析を業者に依頼すれば、一検体（つまり、たった一ヵ所でたった一種類の化学物質の検査）当りが簡単なものでも数千円はかかるのです。私たちの五感にかからない、このミクロな化学物質というのは非常にやっかいです。

実際、産廃処分場を時限爆弾と称する学者もいます[48]。そう思いたくなるような事例が最近報道されました。二〇年間にわたって七五万立法メートルの産廃が不法投棄されてきた岐阜の椿洞（現在、部分的ではあるが撤去中）では、ボーリング坑から環境基準の一五万倍という高濃度のダイオキシン類を含むガスが検出されたのです（二〇〇六年一一月八日）。プラスチックなどが雨水と反応して不完全燃焼が起き、ダイオキシン類が生じたとみられています。しかも二年間にわたる検討委員会による調査（六一ヵ所のボーリング調査など）においては、ダイオキシン類は環境基準に適合したと報告されていたにもかかわらずです。

いま私たちが道理に基づく（自然の論理に従う）やり方を身に着けなければ、これから次々と生じてくることが予想されるやっかいな環境問題を乗り切ることなど到底できないでしょう。データの捏造事件や消費期限切れ食材の使用など近年横行している事態を見れば、原点に立ち返ることの重要性がいかに切実なものか分かります。

そしてこれ以上地球を痛めつけないために、いまは勇気ある退却こそが求められているのではないでしょうか。元に戻すためにお金をかけるという勇気です。そしてそれを実行に移しつつある地域もあるのです。イタリアのラベンナ県ポー・デルタ公園環境再生計画がそのひとつです。

それは、かつて（そして現在も一部）石油化学を中心としたコンビナートであった土地を、元の湿地帯（海岸線は全長一二〇キロメートル）に百年かけて復元するという実に壮大なプロジェクトです。これを可能にさせたひとつの大きな原動力は、国よりも厳しい州・県およびコムーネ（市町村）独自の環境規制を持ち、これを自身の法として尊重する、などという自治意識の高さです。この地を現状視察したときのヒヤリングで（公園環境再生計画）担当責任者であるルッチラ・プレヴィアーティさんは、復元計画が確定するまでの一九七〇年代からの紆余曲折を話してくれました。一九九六年にようやくこの地域全体の保護協会が全て一致したというのです。そして私は、「この団結がなかったならば、この湿地帯も消えていたでしょう！」と締めくくった彼女の誇らしげな言葉をいまも忘れる事ができません。

最後に「大矢知の環境を守る会」の副会長である前川都直さんの思いを聞いてみましょう。彼は以前は〈ひょうたん池〉の側で、池の水を引いておいしい米を作っていましたが、いまではそれも止めています。孫たちから〈爺ちゃんの公園〉と言われているここにほぼ毎日一度はやってきて、修行者のような格好で掃除をしています。その彼が美しく色づきはじめた紅葉を背にして語りはじめました。

ここでこうやってひとりで草刈りしとるとさね、無心になってくるんですわ。雑念が無くなってくるんやな。

そうやって一切の雑念が無くなってしまうとさね・・・今度はだんだんと腹が立ってきて・・・なんでこんなことになってしもうたんやろって。

むしょうに腹が立って、腹が立って、もうどうしようもなくなるんですわ・・・

引用文献

1　朝日新聞、二〇〇六年五月二九日号
2　朝日新聞、二〇〇六年七月一八日号
3　IPCC編『IPCC地球温暖化第三次レポート』（中央法規）、二〇〇二年、一六〜一八頁
4　江澤誠『京都議定書再考!』（新評論）、二〇〇五年、一四九頁
5　栗原康『有限の生態学——安定と共存のシステム』（岩波新書）、一九七五年
6　松井孝典『宇宙からみる生命と文明——アストロバイオロジーへの招待』（NHK人間講座）、二〇〇二年一二月〜二〇〇三年一月
7　アルク『*The Voice of EJ*』(vol.35 No.8) 2005. 8, p.99
8　J・D・バナール（鎮目恭夫 訳）『歴史における科学』Ⅲ、一九六七年（みすず書房）、四二六頁
9　川崎哲『核拡散——軍縮の風は起こせるか』（岩波新書）、二〇〇三年、一二頁
10　DVD国際共同制作『地球白書』vol.1, 2001.
11　T・コルボーン他（長尾力 訳）『奪われし未来』（翔泳社）、一九九七年、二一三頁
12　「子供の環境保険8か国の環境指導者の宣言書」第5回環境大臣会合、一九九七年五月六日、外務省仮訳

13 原田正純 編著『水俣学講義』（日本評論社）、二〇〇四年、一二頁
14 A・セント＝ジェルジ（國弘正雄訳）『狂ったサル』（サイマル出版会）、一九七〇年、七一頁
15 J・D・ワトソン（青木薫 訳）『DNA』（講談社）、二〇〇三年、一三〇頁
16 同上、一一八頁
17 同上、一三〇頁
18 同上、一三七頁
19 河田昌東「遺伝子組換え作物——深まる健康と環境に対する影響の懸念」『世界』、二〇〇二年一〇月号
20 食品安全部監視安全課 http://www.mhlw.go.jp/houdou/2006/08/h0819-1.html
21 アメリカ農務省穀物検査食肉流通総局（GIPSA） http://www.gipsa.usda.gov/GIPSA/newsReleases
22 GM Watch, http://www.gmwatch.org/archive2.asp
23 N・ジョージェスク＝レーゲン（小出厚之助 他訳）『経済学の神話——エネルギー、資源、環境に関する真実』（東洋経済新報社）、一九八一年、四〜五頁
24 同上、五一頁
25 H・バターフィールド（渡辺正雄 訳）『近代科学の誕生』上（講談社）、一九五七年、一四頁
26 J・D・バナール（鎮目恭夫 訳）『歴史における科学』Ⅱ（みすず書房）、一九六七年、二一六頁
27 山口幸夫『エントロピーと地球環境』（七つ森書館）、二〇〇一年、一四六頁
28 文献15の四九七頁

29　M・ヤンマー（井上健 訳）『量子力学の哲学』上（紀伊國屋書店）、一九八三年、一一頁
30　朝永振一郎『量子力学』Ⅱ（みすず書房）、一九五二年、三一四頁
31　W・ハイゼンベルク　*Zeitschrift für Physik*　43 (1927), p172
32　文献5の一七一頁
33　同上、一七七〜一七八頁
34　同上、一八二〜一八三頁
35　文献23の一六一〜一六二頁
36　E・シュレーディンガー（岡小天 他訳）『生命とは何か――物理的にみた生細胞』（岩波新書）、一九九二年、一二一頁
37　L・R・ブラウン（北城恪太郎訳）『プランB――エコ・エコノミーをめざして』（ワールドウオッチジャパン）二〇〇四年、三四頁
38　同上、三五頁
39　高木仁三郎『原発事故はなぜくりかえすのか』（岩波新書）、二〇〇〇年、一七八〜一七九頁
40　吉井正澄／上甲晃『気がついたらトップランナー――小さな地球　水俣』（燐葉出版社）、二〇〇四年、一九八頁
41　R・ローラー（長尾力 訳）『アボリジニの世界――ドリームタイムと始まりの日の声』（青土社）、二〇〇三年、二二一〜二二三頁

42　北山耕平『ネイティブ・マインド――アメリカ・インディアンの目で世界を見る』（地湧社）、一九八八年、八一頁
43　文献37の三〇八頁、三三三頁
44　石弘之『子どもたちのアフリカ――〈忘れられた大陸〉に希望の架け橋を』（岩波書店）、二〇〇五年、一八六頁
45　朝日新聞、二〇〇六年一一月二九日号
46　岐阜新聞産廃問題取材班『百年の負債――産廃不法投棄事件を追う』（岐阜新聞社）、二〇〇五年、一三八頁
47　住井すゑ『九十歳の人間宣言』（岩波ブックレットNO.272）、一九九二年、三三一～三三五頁
48　熊本一規「日本の産廃処分場の問題点」『ごんずい』90号（財団法人水俣病センター相思社）、二〇〇五年、六頁

参考文献（年代順）

J・D・バナール（鎮目恭夫 訳）『歴史における科学』Ⅰ～Ⅳ（みすず書房）、一九六七年
D・H・メドウズ他（大来佐武郎 監訳）『成長の限界――ローマ・クラブ〈人類の危機〉レポート』（ダイヤモンド社）、一九七二年

野田又夫 責任編集『デカルト――世界の名著27』(中央公論者)、一九七八年
C・マーチャント(団まりな他訳)『自然の死――科学革命と女・エコロジー』(工作舎)、一九八五年
C・V・W・ブルックス(伊東博 訳)『センサリー・アウェアネス――〈気づき〉――自己・からだ・環境との豊かなかかわり』(誠信書房)、一九八六年
加藤陸奥雄ほか監修『滅びゆく日本の植物50種』(築地書館)、一九九二年
M・ミランコヴィッチ(柏谷健二他訳)『気候変動の天文学理論と氷河時代』(古今書院)、一九九二年
白鳥紀一ほか『―環境理解のための―熱物理学』(朝倉書店)、一九九五年
瀬野徹三『プレートテクトニクスの基礎』(朝倉書店)、一九九五年
シーア・コルボーン他(長尾力 訳)『奪われし未来』(翔泳社)、一九九七年
R・B・プリマック(小堀洋美 訳)『保全生物学のすすめ』(文一総合出版)、一九九七年
勝木渥『環境の基礎理論』(海鳴社)、一九九九年
小原秀雄『現代ホモ・サピエンスの変貌』(朝日選書)、二〇〇〇年
竹谷三男『危ない科学技術――明日あなたの隣で起こる悲劇』(青春出版社)、二〇〇〇年
A・ドレングソン他(井上有一 監訳)『ディープ・エコロジー――生き方から考える環境の思想』(昭和堂)、二〇〇一年
D・H・メドウズ他(茅陽一他訳)『限界を超えて――生きるための選択』(ダイヤモンド社)、一九九二年
L・R・ブラウン(福岡克也 監訳)『エコ・エコノミー』(家の光協会)、二〇〇二年

R・フォーティ（渡辺政隆 訳）『生命40億年全史』（草思社）、二〇〇三年
川崎哲『核拡散――軍縮の風は起こせるか』（岩波新書）、二〇〇三年
「地球大進化」プロジェクト編『NHKスペシャル地球大進化』全6巻（NHK）、二〇〇四年
神保哲生『ツバル――地球温暖化に沈む国』（春秋社）、二〇〇四年
S・R・ワート（増田／熊井 共訳）『温暖化の〈発見〉とは何か』（みすず書房）、二〇〇五年
M・ボウルター（佐々木信雄 訳）『人類は絶滅する』（朝日新聞社）、二〇〇五年
R・マッケィ（武田／川田 共訳）『絶滅危機生物の世界地図』（丸善）、二〇〇五年
M・ボウルター（佐々木信雄 訳）『人類は絶滅する――化石が明かす〈残された時間〉』（朝日新聞社）、二〇〇五年
小原秀雄『人類は絶滅を選択するのか』（明石書店）、二〇〇五年
L・R・ブラウン（福岡克也 監訳）『フード・セキュリティー――だれが世界を養うのか』（ワールドウオッチジャパン）、二〇〇五年
西澤潤一 他『「悪魔のサイクル」へ挑む』（東洋経済新報社）、二〇〇五年
豊崎博光『マーシャル諸島　核の世紀』上・下（日本図書センター）、二〇〇五年
槌田敦『CO_2温暖化説は間違っている』（ほたる出版）、二〇〇五年
K・ドウキンズ（浜田徹 訳）『遺伝子戦争――世界の食糧を脅かしているのは誰か』（新評論）、二〇〇六年

付録　マクロとミクロの相補性

四日市大学環境情報論集第九巻第二号（二〇〇六年三月発行）に掲載されたものの一部を加筆訂正したものである。

ここでは二〇世紀に入って物理学の世界を一変させた量子力学が、われわれに迫っている自然観の改変という課題をとりあげることにする。しかしこれは必ずしも明確なテーマとして万人の前に開かれているわけではない。というのも専門家の間ですら、量子力学の基礎に関する議論はいまだに決着がついていない。さらに、現代のような専門化、細分化が進んだ状況では、このようなテーマに首をつっこむ人も極めて限られているからである。そこでここではまず、量子力学の基礎に横たわる問題を明確にし、その解決をはかりつつ、いかなる新しい自然観が待ち受けているのかのアウトラインを示すにとどめた。

1．問題の所在

量子力学は、電子、原子、分子などというミクロな対象の振る舞いに起因する広範囲にわたる物質の基礎理論を提供し、二〇世紀技術の爆発的な展開（化学工業、エレクトロニクス、核開発、ナノテクノロジー、遺伝子操作、など）をもたらす上で決定的な役割をはたした。しかしながら表面上は別として、少なくとも深い理論的レベルにおいては、われわれは絶えず曖昧な状態におかれてきたといえる。例えば、量子力学の形成以後、学界をリードし続けてきた天才的物理学者の一人ファインマンですら、次のように率直に述べている（ファインマン、1982）：

…われわれは常に（これは内緒、ドアを閉めて！）、われわれは常に量子力学が表す世界像を理解するのに非常な困難を感じてきた…私にとっては、そこに真の問題はないということは依然として明らかではない。私には真の問題を明確にすることはできない。従って真の問題はないと思っているが、真の問題がないと確信しているわけではない。

実際、ボーアとアインシュタインの論争をひとつの頂点として、ほぼ四分の三世紀にわたって、おびただしい数の議論がなされ解釈が提案されてきたが、今もって確立された公認の統一解釈があるわけではない。例えば四半世紀前に、量子力学の基礎に関する哲学的論争の詳細な歴史を叙述したヤンマーは、これを「終わるということのない物語」であると締めくくっている（ヤンマー、1974a）。現在でも状況は基本的に変わっているわけではないことを、後述するフックス等の議論でお分かり頂けると思う。しかしこのような解釈問題（量子力学の哲学的基礎をめぐる問題）が解決していないにもかかわらず、多くの科学者や技術者が量子力学を利用して成果をあげているというのはどういうことなのであろうか。しかも彼らの大半はそのような問題があるということすら気づいていないかのようにみえる。なぜこのようなことが可能なのであろうか。

実は、問題の所在はといえば、それは量子力学の内部というよりは、むしろ量子力学とその外部との関係にかかわった所にある。先のヤンマーは「［量子力学は］形式自身がその解釈に先立ったというおそらく物理学の歴史のなかでも、ほとんど無二の発展過程をたどった」（ヤンマー、1974b）といっている。つまり量子力学の形式、これは計算の処方箋といってよいと思うが、われわれはすでにこれを持っている（例えば、いまあるミクロな対象の振る舞いを測定したいと仮定しよう。そのためにはまず、われわれは、その測定にふさわしい実験装置を設定する。そのときわれわれは、これこれの操作をすれば、これこれの結果を得る確率がいくらであるかを、理論的には計算でき、こうして測定値の分布を予測できる）。個々の個別分野に留まるかぎりは、それで当面は十分である。

では解釈、あるいは解釈問題とはなにか。それは例えば、一般的に個別のミクロな対象の軌跡を描くことができないという事情と関係している。後述する電子の 2-スリットによる干渉実験の場合では、一個の電子が（どちらの孔を通過したかを観測する装置を持ち込まない限りは）二つの孔のうちのどちらかを通過したとみなしてはならず、波のように同時に二つの孔を通過したと見なさなければならないとされる。つまり、長年のマクロ世界の経験（量子力学の外）から得られた、〈粒子〉とか〈波〉とかいう古典的なイメージや概念で一貫した描像を描くことができないのである。むろん新しい分野で古い概念が通用しないという事態はいくらでもありうる。しかしここでの問題は、新しい分野（正確には量子力学的世界であるが、以後簡便にミクロ世界ということにする）と古い分野（同じく古典物理学的世界であるが、マクロ世界ということにする）が並列的にあるのではない。ミクロな対象の測定という決定的場面において、マクロな観測装置が必然的にかかわってこざるをえないという状況で、一貫した像が描けないでいる。つまり、マクロとミクロを深いところで統一する論理、自然観をわれわれは未だ持っていないということである。これは重大である。ボーアは初めからこの問題の重要性に気づいており、アインシュタインとの論争を振り返ってそもそもの出発点からわれわれの議論の的になった主要な論点は、作用が普遍的な量子をもつというプランクの発見によって、今世紀の最初の年に始まった物理学の新奇な展開を特徴づける自然哲学が、自然哲学の慣用の諸原理に背馳しているように見える事態に対して、どのような態度をとるかということであった。

と述懐している（ボーア、1990a)。

しかしながら近年、ボーアの後継を自認する正統派解釈の側から「量子論は〈解釈〉を必要としない」なる見解が、フックス等によってアメリカ版の物理学会誌といえる *Physics Today* に掲載された。それは同誌に過去数年間集中して掲載された解釈問題に関する論文やレターに対して、量子論の基礎についてはもはやこれ以上吟味する必要はないという、あからさまないらだちを示したものであった。フックス等の議論は、量子力学の基礎をめぐる問題が何を中心に争われてきたかを知る上で助けになると思われるので、少し長くなるが、その論点の概略を引用してみる（フックス他、2000）:

…［全ての非正統的解釈の共通点は］われわれの可能な実験から独立した、何らかの実在に対応する特徴を持った新理論の創造への熱望［であって］…〈隠れた変数〉(hidden variables)、〈多世界〉(multiple worlds)、〈首尾一貫した規則〉(consistency rules)、〈自発的崩壊〉(spontaneous collapse) などの手法を用いて古典的な世界観を守ろうとする試みは、それらの予言能力にはどんな改善もないのであるから、それらは単により良い理解という幻想を与えるにすぎない。［そしてそれらの熱望とは反対に］量子論は、物理的実在を記述するものではなく、われわれの実験的介入の結果であるマクロな事象（検出器の作動）に対する確率を計算するためのアルゴリズムを提供しているものである。……「したがって」波動関数の時間変化は、何ら物理系の発展を表すものではなく、その系に対するわれわれの可能な実験結果の確率の発展を与えるだけであって、これが波動関数の唯一の意味であり……量子状態に実在性を与えることが、多くの〈量子パラドックス〉を導く。……われわれの周りの現象に対する有用な手引きとしては、既にある量子力学以上に一貫したものは不要「であって」……量子力学は〈解釈〉を必要としない。（太字はフックス等による）

ここでまずあげられるべきは、全ての非正統的解釈との分岐点をなすとされる実在の問題であろう。実は正統派解釈といっても明確な定義があるわけではなく、例えばボーアは、少なくともマクロ世界の客観的実在に関しては認めていたと思われる（例えば、ボーア、1990）。問題はマクロ世界とミクロ世界がどう一貫したロジックで統一されるかである。フックス等のような正統派解釈なるものを漠然と支持している人は（正統派なる名前からしても）多いと思われるが、この観点を徹底させればどういうことになるかを本気で考えている人は意外に少ないのではあるまいか。

フックス等はマクロな対象にも彼等流の「解釈」による量子力学を一貫して適用し、従って当然マクロな対象に関しても波動関数なるものが考えられるべきであると説く。しかしむろんその波動関数は、そこに実在する何かについてではなく、あくまで測定し計算する誰かの知識を表現するものとされる。つまり彼等によれば、マクロな世界も客観的に実在するかどうかはわからないのである。少なくとも測定するまでは。ベルは「世界の波動関数は「決まった状態に」量子ジャンプするために、単細胞生物……あるいはもっとましな博士号を持った人間が現れ「て測定してくれ」るまで、数十億年待つ必要があったのか?」(ベル、1990) と皮肉をこめて尋ねている。

それにしても、測定とは一体何なのか。測定過程ははたして実在するのかしないのか。フックス等の「解釈」からは何も説明されず、はじめから測定は自明なものとして前提されているだけである。しかも現実には、測定か否かが不明な物理的過程はいくらでも存在しているのであって、そのような状況に対しては彼等の「解釈」は無力である。

この小論では、もう一つの何か新しい量子力学のモデルを提案するという気はさらさらなく、一体どのようにすればマクロとミクロの統一が最も自然な形でもたらされるかを探るだけである。そして同時にそれが、古典的な機械論的思考の枠組みの範囲内に留まる限り得られないことを示したい。

2. 古典的実在概念の限界

先に紹介したボーアのいう「自然哲学の慣用の諸原理」とはどのようなものであろうか。ここで関心を持つ部分に限れば、そのコアは、一七世紀ニュートン力学の開始以来確立されてきた物理的実在の古典的機械論的概念であろう。その主な特徴は、

① 物理的対象は、われわれの意識とは独立に存在する
② これらの物理的対象の振る舞いは、それらの観測(それらを測定しているか否か)とは独立に記述できる
③ それらの間の全ての相互作用は(測定装置との相互作用も含めて)、局所的な因果律を満たす

というものである。こうして、このような対象から構成される物理的世界は、客観的に、つまり、人間の存在から独立に存在すると考えられる。そして古典物理学の全構造は、われわれの測定から独立な物理的実在の振る舞いを、客観的に説明する法則の体系として打ち建てられてきた。

アインシュタイン等が後に量子力学の不完全性を主張するために導入した有名な「物理的実在の判定基準」も、この古典的枠組みの中でなされたのである（アインシュタイン他、1935）。すなわち

もし、系を何ら攪乱することなく、ある物理量の値を確実に予言できるならば、そのときは、この物理量に対応した物理的実在の要素が存在する。

しかしながらミクロ世界に一歩足を踏み込んだとき、様相は一変した。一般に量子的対象の状態は、プランク定数 h の存在のため、測定によって予測不可能に攪乱される。新たな事態をどう収拾すべきか困難を極めた。まず、少なくとも上の②は、量子的対象には当てはまらないことになる。したがって、アインシュタイン等の「物理的実在の判定基準」自体も、量子的対象に対しては、極めて限定した意味しか持たなくなってくる。

さらにベルは、①と③を仮定し（②は必ずしも仮定しない）、古典的な描像に基づいて、有名な「ベル不等式」を導いた（例えば、ベル、1964）。これは、長い量子力学論争の中で、（単なる思弁でなく）直接実験的検証にかけることが出来るとりわけ重要なものであった。数多くの実験が試みられたが、いずれも結果は「ベル不等式」には不利で、量子力学の予言に有利であった（例えば、セレリ、1988）。したがって、①か③が成立しない、あ

るいは双方とも成立しない、という結論になる。

ここで①を否定することは、自然科学そのものの思考基盤をゆるがしかねない議論とも直結しているので、できれば①は成立すると仮定して話をすすめたいところである。そうすればミクロ世界における物理的実在は、われわれの意識から独立に存在していると見なせても、その振る舞いを測定と独立に記述することは出来ず、同時に、そこで生じる相互作用も（測定装置を含めたマクロな環境との相互作用も含む）局所的なものに限るわけにはいかない、という結論に到達する。

はたして①が成立する、あるいはせめて、成立しうると仮定できるであろうか。

3．2 - スリット実験と物理的実在の復権

上の結論で、論理的には①を否定することも可能である。そしてまた、そのような立場をとる人で、物理学、というよりも自然科学そのものから去ってゆき、宗教的世界へと導かれていった人も少なからずいる。そこでここでは、マクロ世界で確立された物理的実在の特徴のうち、少なくとも①に関してはミクロ世界でも要請できるかどうか、さらに要請できるとすればそれは具体的にはどのような内容か、を明らかにしてみたい。そのために、古典的世界で生じるものと異なる状況を典型的に示す、極めてシンプルな２ - スリット実験を例としてとりあげてみたい。

図1はファインマンの、よく知られた２ - スリットの思考実験（ファインマン、1965）の模式図である。

ここで、左の電子銃から放出される電子は全て（ほぼ）同一のエネルギーを持っているとする。銃の前には二つの孔1、2を持った壁がある。その前方には、動く検出器を備えた止め板がある。ファインマンは、われ

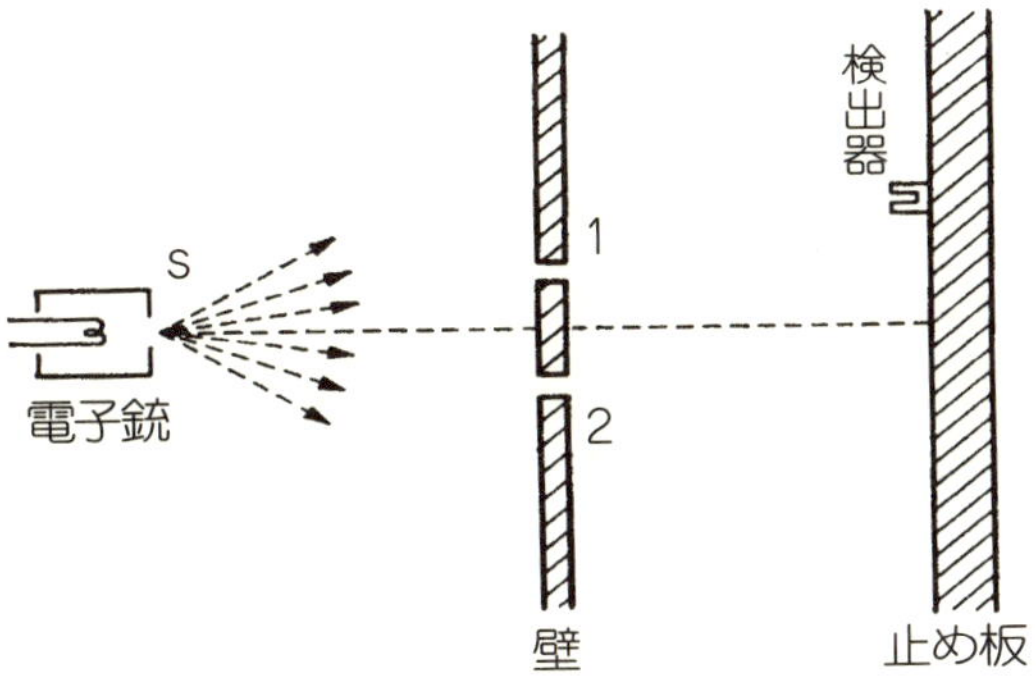

図1　電子を使った干渉実験

われが直面している事態を明確にするため、ある命題（命題A）を立てた：

命題A：各電子は孔1か、あるいは孔2のどちらか一方を通過してくる

彼の議論は以下のように進む：もし命題Aが成り立つならば、孔1、2が両方とも開いているとき、止め板上の場所 X に電子が到着する確率は

$$P(X) = P(X1) + P(X2) \quad (1)$$

である。$P(X1)$、$P(X2)$ は、孔1あるいは孔2だけが開いているときに電子が X に到着する条件付確率 $P(X|1)$、$P(X|2)$ と次の関係にある。すなわち、

$$P(X1) = P(1)\,P(X|1),\quad P(X2) = P(2)\,P(X|2) \quad (2)$$

ここで、$P(1)$ と $P(2)$ は、電子がそれぞれ孔1あるいは孔2を通過する

確率である。このような状況は、電子の代わりに弾丸などといった古典的（マクロな）対象を用いた場合にまさに成立するものである（完全に対称的という理想的な配置であれば、$P(1) = P(2) = 1/2$）。しかしながら、電子のようなミクロな対象に対する実験では、よく知られているように、$P(X)$ の分布は波の性質を示す干渉模様となる（例えば、銀や錫の結晶による陰極線の回折像）。つまり両方の孔を同時に通過する波のような性質を示すのである。そこでファインマンは次のように結論する：

命題Ａによる結論は、ある特定の場所に到達する電子数は、孔１を通って到着する数と孔２を通って到着する数の和に等しいということであるのに対して、事実はそうなっていないのであるから、命題Ａは間違っていると明確に結論せざるをえないことになる。電子が孔１か孔２のどちらかを通り抜けるということはただしくない。（強調はファインマンによる）

さらに彼は、もし何か別の装置を用いて（例えば、二つの孔の間に光源を置いて）、電子がどちらの孔を通過したかを測定すると、何が生じるかを調べた（考えた）。結果は、「電子がどちらの孔を通過したかを識別すると同時に、その干渉模様をこわさないほどには電子を撹乱することのない装置を設計することは不可能である」となる。これこそ量子力学全体系の基礎である不確定性原理を、当の実験において具体的に表現したものに他ならない。

以上の推論から、（どちらの孔を通ったかを決定する）経路測定がなされない場合には、少なくとも壁の周辺では、電子を粒子としてイメージすることはできないと思えるかもしれない。実際量子力学では、任意の対象の状態を表現するものとして、（座標表示で）空間に広がったある波動関数Ψを導入する。それは、Ψの絶対値の二乗が、その場所で電子を見出す確率に比例しているようなものである。このΨを波動関数と呼ぶのは、それが（シュレーディンガー表示で）シュレーディンガー方程式を満たし波動的な振る舞いを示すからである。

そこで、どんな波も簡単に二つの孔を同時に通過することができるのであるから、波長（従ってエネルギー）が十分定まっていれば干渉模様の説明もつく。しかしながら、この波を実在の波とみなせば、われわれが例えば、ある粒子の位置を測定したとたんに、その粒子を表している波はその測定点にまで収縮しなければならない。これがかの悪名高き「波束の収縮」である。この収縮は相対性理論に矛盾するので、Ψを文字通りわれわれの実空間に広がる実在波と考えることは一般にできない。

こうして、ほとんどの物理学者にとっては、ミクロな対象に対して何らかの一貫したリアルなイメージ、つまり何らかの一貫した古典的なイメージ（例えば、古典的波や古典的粒子など）を描くことが非常に困難になった。実際シュレーディンガーはΨを実在波ととらえようとしたが、やがて量子力学論争から身を引き、生命や意識の領域へとむかった。さらにはフック等のように物理的実在の概念自体を積極的に放棄するものも現れたというわけである。

さてしかし、ファインマンの分析をもっと詳細に調べれば、以下のように、それが必ずしも正当化されえないことが分かる（アカルディ、1997）。ファインマンによれば、式(1)と(2)に対応した二つのステップがあり、式(1)が成り立たないので命題Ａは誤りである、と推論される。そこで少なくとも論理的には、式(1)は成り立つのだが式(2)が成り立たないのだ、というもう一つの選択が残されることになる。三つの結果 $P(X)$、$P(X|1)$、$P(X|2)$

をもたらす実験装置は互いに排他的で、それらの間にはいかなる関係もアプリオリには仮定されないのであるから、この選択をはじめから排除する理由はない。

こうなると、二つの孔が開いた壁でなんら経路測定がなされない場合にも、電子は孔1か孔2のどちらかを通過することができる、という可能性が残されることになる。むろんそのとき電子は、孔が一つしか開いていない場合とは違う振る舞いをすることになる。すなわち電子の振る舞いは、通過する一方の孔の周辺における局所的な相互作用のみで記述されるのではなく、もう一方の孔によっても影響されるという非局所的な相互作用によって記述されることになる。実際ボームは、彼の〈隠れた変数〉の理論を用いて、この種のモデルを提案した(ボーム、1952)。

そこでもし望むのであれば電子を、観測していない場合でも局在した存在としての〈粒子〉とみなすこともできる。むしろこのようにみなす方が、観測しているときと、していないときの間の一貫性からは自然であろう。われわれは通常、電子を質量と電荷とスピンを持った一個の粒子としてイメージしている。その粒子が、測定されていないと分かったとたんに、なんらか空間に広がったものとしてイメージすることは苦痛である。何もイメージせず計算だけすればよいというのはもっと苦痛ではないだろうか(私には、このような苦痛を感じない人とおみくじを信じる人とは、その精神構造において違いがないように思えるのだが)。

ということで、ここで改めて、電子は「〈粒子〉ではあるが、その振る舞いは(シュレーディンガー表示で)シュレーディンガー方程式に従う波的なもの」と置いて、議論を進めてみることにする。さらにこれを、単に電子に限らず、光子を含めて要素的なミクロな対象一般に成り立つものとする(光子の場合のシュレーディンガー方程式による記述に関しては、例えば(粟屋他、1997)を参照のこと)。以後このΨを、系の状態を表すものという意味で状態関数と呼ぶことにする（状態ベクトル、確率関数などという呼び名も一般に使われている）。

実は朝永振一郎はすでに、このようなものとしての〈粒子〉を〈量子的粒子〉と名づけている（朝永、1952a）。しかしながら、測定していないときの〈粒子〉の状態に関する議論は必ずしも徹底しているとはいえず、「光子の裁判」（朝永 1982）では、光子は依然として二つの孔を同時に通過するものとして描かれている。

ここではもっと明確に、次なる命題A'を打ち出すことにしてみる：

命題A'：任意の量子的粒子は（測定されているか否かにかかわらず）常に局在している

われわれはこれを、ミクロ世界の物理的実在の性質①のひとつの具体的内容とみなすことにする。

ここですでに述べたように、命題A'を導入することによって必然的にもたらされる非局所的な相互作用を忘れてはいけない。しかしこれは、ベル不等式の反証の結果として、その存在が広く認められるようになった「非局所性」や「非分離性」（またはエンタングルメント）と同種のものであることに注意したい。さらにこの非局所的な振る舞いは、対象の（遠く、あるいは近くの）周辺の物理的環境によって生じているのであって、われわれの意識とは独立であることにも注意したい。かくして、いったんこの（近接作用に基礎をおく古典物理学にとっては）馴染みのない非局所性を受け入れさえすれば、測定如何にかかわらず量子的粒子を空間内に局在した対象として一貫してイメージでき、さらにわれわれの意識から独立した物理的実在という概念を捨てる必要もなくなるのである。

4．量子力学の構造と観測問題

さてミクロ世界でも、物理的実在なる概念が通用するとして、ただしその具体的内容が命題A'によって表されるとして、そのことは現行の量子力学の法則にどのような影響を及ぼすのだろうか。それは現在の量子力学がかかえている困難を克服することになるのだろうか。ひるがえって見れば、現行の量子力学は実験的には何ら反証されているわけではない。これは一体どういうことであろうか。

まず現在到達している最大公約数的な量子力学の基本法則を、できるだけシンプルな形であげてみると、次の二つのタイプⅠ、Ⅱをその構成要素として含んでいることが分かる（以下、シュレーディンガー表示で議論をする）：

Ⅰ　量子力学的系の状態関数Ψは、測定していない時には、対象がおかれた物理的環境に対応したシュレーディンガー方程式に従って、因果的、決定論的に時間発展をする。

Ⅱ-1　ある量子力学的系について、何かある一つの物理量を測定する時、ある一つの値（測定値）が得られ、二つ以上の値が同時に得られることはない。

Ⅱ-2　このとき、測定直前の系の状態Ψは同じでも、一般に測定毎にその測定値は異なる。

Ⅱ-3　しかし同一測定をくりかえして得られる測定値の分布にはボルンの統計公式が成り立ち、それぞれの値が得られる確率は、測定前のΨから一意的に求まる。

この二つのタイプの法則の関連については種々議論がなされたが、量子力学の数学的基礎づけを行ったノイマンは、これらが矛盾しないことを証明した（ノイマン、1957）。しかし問題は、この二つの法則が「測定」という概念に決定的に依存している（すなわち、測定中か否かによって用いる法則が異なる）にもかかわらず、「測定とは何か」ということの正確な物理的定義がないことである。

これが量子力学の論理的欠陥の根源であり、そのために「シュレーディンガーの猫」をはじめとした種々のパラドックスが生じるのである。ベルも、あいまいさの故に少なくとも基本法則からは除くべき最悪の言葉として、この測定なる用語をあげている（ベル、1990）。

さらに具合の悪いことには、この用語自体に人間の意識的行為のイメージが深く関連しているという事実がある。従って、論理的欠陥をもつ量子力学の構造をこのままにして、そこから生じるパラドキシカルな状況を、安易に意識や心と関連づけるという危険性もでてくる。

実際ノイマンは、「物心平行論（psycho-physical parallelism）」の基礎づけにこれを利用し、「波束の収縮」の原因を「抽象的自我（abstract ego）」なるものに求めすらしたのである（ノイマン、1957a）。

しかし「波束の収縮」の原因をわれわれの意識といったような観念的なものに求める人は少なく、通常はもっと前の段階、測定過程の最後の部分である検出器という客観的な物質の作用に求められている。すなわちここで、ミクロな対象の振る舞いがマクロな痕跡にまで増幅されるという不可逆過程が生じ測定が終了し、このとき同時に波束が収縮したとされるのである。この痕跡を残すというマクロな不可逆過程に関してはボーアも、客観的に情報を確認できるために必須のものとして重要視している（ボーア、1990）。

いずれにせよ量子力学による計算結果の破綻を示す実験は現在までのところ皆無なのであるから、われわれがなすべきは、とりあえず「測定」によって量子力学の基本法則を分離するようなやり方を改め、論理的に一貫した理論が作れるかどうかを見ることであろう。

まず最もシンプルで自然な修正はⅠの測定云々の条件をはずすことであろう：

Ⅰ' 量子力学的系の状態関数Ψは常に（測定されているか否かにかかわらず）、系が置かれた物理的環境に対応したシュレーディンガー方程式に従って、因果的、決定論的に時間発展する。

これはまさに古典物理学の世界で、対象の運動状態が（測定されているか否かにかかわらず）ニュートンの運動方程式に従って因果的、決定論的に時間発展するという状況に対応している。では古典物理学でⅡ、すなわち、測定過程に対応したものはあるのだろうか。

通常、古典物理学では測定過程そのものを（技術的な問題は別として）基本法則として掲げるようなことはしない。なぜなら、運動方程式に従う系の状態は、物理量（例えば、位置座標や運動量）の値で記述され、その値は同時に、測定すればそのとき得られる値となっているからである。これが何故可能なのかは後述するとして、ここでは、測定されるか否かにかかわらず、物理量の値（=測定値=状態）が存在し、それが古典物理学における実在の具体的な内容でもあった。

したがってミクロ世界の実在として命題A'にたどり着いたわれわれとしては、局在化している対象が（いまやシュレーディンガー方程式に従っている）測定過程で到達した場所で持つことになる値がそのまま測定値であれば、これがⅡ－1を保証し、しかも古典物理学的対象の測定値の得られ方と同じ構造になる。実際一般に、ミクロな対象の測定は、最終的には位置測定に帰着されるので（ブロフィンチェフ、1974）、局在していれば、同時に二つ以上の値をとることはない（ように装置をセットできる）。

ではⅡ－2は何を意味するかといえば、にもかかわらず、状態関数Ψはその局在している個別の対象の位置（さらにその軌道）を教えるわけではないということである。それが教えうるのは、Ⅱ－3によって与えられる確率分布（同一条件下で繰り返し実験による測定値の分布）だけである。そこで、「統計公式とは、測定装置との相互作用まで考慮に入れた系のシュレーディンガー時間発展の（同一条件下での多数回繰り返し実験の）結果を、装置を含めない言葉（測定直前の状態関数Ψ）で簡便に計算する方法である」となっていれば良いことになる。本当にそうなっているのであろうか。

実は、命題A'とI'とⅡを用いれば、このことが成立することを実際に証明することができる（栗屋、2000）。なお、測定値の分布の計算の処方箋という点では、Iを用いようがI'を用いようが同じである。なぜなら、統計公式に用いるΨは、測定前の状態のΨなのであるから。そこで、計算しか興味のない人には、もとのIとⅡで十分ということになるのである。ここでは省略するが、その証明には、かつて朝永が提案した方法（朝永、1952b）：

……ある物理量をはかるには、どんな実験を実施したらよいかという問題がどうして答えられるか、という問題が起こる。この問題に答えるには、その実験装置をも力学系の中に含めて理論的考察を行って、その理論の帰結を調べねばならない。この種の理論を**観測の理論**といい、これは量子力学の体系を理論的に完結させるために必要な一つの理論である。（太字は朝永による）

を用いた。ただし、朝永自身は、この観測の理論を体系だって展開することはなく、ノイマンと同様に、ⅠとⅡが矛盾しないことを示すにとどまっている。

こうして、個別事象としては検出器も含めてどこまでもシュレーディンガー時間発展をするということと(Ⅰ')、にもかかわらず繰り返し実験の効果を問えば正しく統計公式が得られるということ（Ⅱ - 3）が矛盾なく統一される。

さらに「波束の収縮」とは、ある測定値に対応した状態に、対象の状態関数自体が突然実際に収縮するというようなものでない。それは適当な装置との相互作用を伴うシュレーディンガー時間発展によるスペクトル分解(測定値に対応した状態への分解）の後で、われわれがその状態だけをその後の実験に用いるというような実験設定をすることによって正当化される、いわばその状態の切り取りの手続き（すなわち、新しい状態の準備）である。これがなぜ可能かといえば、系は命題A'により、スペクトル分解された状態のいずれかに実際にすでに存在しているからである。

このとき、測定の前後で系の状態を記述するヒルベルト空間(測定値に対応した状態の固有ベクトルで構成された抽象的空間で、Ψはこの中に存在する。詳しくは（ノイマン、1957））はもはや同一ではない。そこでこのようなヒルベルト空間の乗り換えを伴った状態関数の切り替えがどの程度成功するかはもっぱら実験条件にかかってくる。それは、どの程度の装置を置けば繰り返し実験で干渉模様が消えるのか、あるいは、どこまで干渉模様が残るのかという問である。フラーレン（60個の炭素原子が球状に配置している分子、C_{60}）を用いた実験でも依然として干渉模様が見られたという報告もある（アーントス他、1999）

5. マクロとミクロの相補性

こうして極めてシンプルに、論理的に致命的な欠陥のない一貫した量子力学の像をうることができた。そこで最後に、ミクロ世界の存在とその法則がわれわれの自然観にどのような改変を迫るのかをみてみよう。日本において、量子力学の基礎に関して最も深く考えつづけた物理学者の一人である高林武彦はいう（高林、1988）。

現在の素粒子論の方法は、新粒子の導入や対称性の原理や相互作用の統一などのモチーフに支配され、むしろアインシュタイン流に近づきボーアから遠ざかっているようにみえる。しかしやはりそれらのものについての認識論的分析が不可欠なのであって、ボーアの方法はアインシュタインの方法と共に主要な方法として現在に生きている。ボーアがそこで、観客でもあり演技者でもある人間の視点をとるのに対し、アインシュタインはスピノザ的な神の視点をとる。問題は、ボーア自身のあらゆる努力にも拘らず、彼の方法とアインシュタインの方法とを調和させることが果たせなかったというところにあり、そのことは一般に物理の方法と認識論に深刻な問題を投げかけるものであった。しかもそれは物理がクォークとかＧＵＴとか量子重力などにさしかかった現在一層深刻になっている。例えばいまＧＵＴとその宇宙論への適用についての観測問題の角度からする認識論的分析が要求されている。

事実アインシュタインは、古典論的観点から量子力学の記述は不完全であると批判し続け、これに対してボーアは、量子力学的記述は古典論の自然な拡張になっていると反論し続けた。しかしながら恐らくリアリティは、古典論と量子論の間の関係、あるいはマクロ世界とミクロ世界の認識論的な関係にある。以下これについて考えてみる。

まず、直感的な見通しをつけるために、マクロな対象とミクロな対象に対する実際の測定過程を素描してみよう。何かあるマクロな対象、例えばテーブルを写真に記録したいと想像してみる。ここで重要なことは、フィルム付きのカメラだけでなく光も必要だということである。より正確には、テーブルからそのフィルムへ伝達される多数の光子の存在が必要とされる。しかし通常われわれは、これらの光子がそのテーブルに撹乱をあたえて写真の像がぶれるかもしれないなどと心配をしない。なぜだろうか。その理由は、全体としてのテーブルの動きに比べて、可視光の光子の個々の作用が無視できるほど極端に小さいからである。こうして、われわれは、そのテーブルの客観的像、すなわち、同じ条件下ではいつでも、どこでも、誰がその写真をとっても、同じ（マクロな）像を得る。カメラをわれわれの目に置き換え、日常行っているように多くの観察をすれば、われわれは多かれ少なかれ、外部世界に対する客観的な像を得ることになる。こうして今やわれわれは、われわれの意識から独立したマクロな世界の客観的実在性という概念や、それらの振る舞いの客観的法則というものが、実はミクロな伝達物質（上の例では可視光の光子）の存在によって得られていたのだ、ということに気がつく。つまりマクロ世界に関する古典物理学の殿堂は、（意識するか否かは別として）ミクロ世界の存在によって保証されてきたのである。

ではミクロな対象の観測の場合はどうであろうか。例えば有名な〈ハイゼンベルクのγ線顕微鏡〉を用いて、電子の位置測定をするという思考実験がある（ハイゼンベルク、1927）。ここで明らかにされたことは、電子の位置を正確に測ろうとすればするほど、その運動量の値が不正確になり、逆もまた成り立つ（従って、軌道を追うことができなくなる）ということであった。これが最初に登場した不確定性原理である。これを一般的に表現するには、対象の状態を表す状態関数Ψを導入する必要がある。するとたとえ対象のΨが十分決まっていても、一般に一回の測定において、その任意の物理量の値を予測することはできない（厳密にいえば、Ψが測定量の固有状態の一つにない限りは）。

量子力学は、個別の対象について何かある物理量を測定するために、適切なマクロな測定装置を持ち込んだとき、その物理量がある値で発見される確率を与えるだけである。この確率はΨを用いて計算される。Ψ自身は、マクロな環境によって構成されるヒルベルト空間の中でシュレーディンガー方程式に従って発展する。このヒルベルト空間を構成する〈直交軸〉は、最終的には（現実のマクロな測定装置を持ち込んだとき得られる）測定値の固有状態で張られる。つまり、ミクロな対象はマクロな環境の枠組み（測定装置という物理系やヒルベルト空間という概念系）によってのみ記述できるということが分かる。

以上（マクロな対象とミクロな対象に関する）二種類の測定過程と、マクロやミクロな対象の振る舞い方を考え合わせれば、われわれは極めて興味深い洞察に到達する。すなわちマクロな対象の古典的な物理的実在という概念は実際にはミクロな物質の存在によってのみ得られたが、他方でミクロな対象の振る舞いの記述は結局はマクロな物質の枠組みによってのみ可能であった。いい換えれば、マクロな物質とミクロな物質とは、認識論的には相補的に関わりあっていると結論しなければならない。それらは、われわれがそれらを認識するうえで、互いに分かちがたく結びついている。あるいは、古典物理学と量子力学は互いに結びついて、ある全体を作っているのである（粟屋，1992）。

最後に残された問題：「何故われわれは、命題A'のように対象が十分に局在しているのであれば、（古典論のように）その位置の軌道でもって対象の運動状態を一般に記述できないのであろうか」を考えてみよう。これはアインシュタイン等がいったように、Ψによる状態の記述の不完全性を意味するということになりはしないだろうか。実際に何らか、量子力学が成り立つ世界よりも下の階層を想定して、Ψよりもより詳細に状態を指定する試みも提出されてきた。なかでも、前述のボームとその後継者による（非局所的）「隠れた変数の理論」は有名である。しかしながら、対象の（非局所的振る舞いの）状態のより詳細な一意的記述といったものや、新たな予言能力を持った他の方法などは現在までのところ、得られていない。何か新しいモデルが提案されても、結局実験的にはこれを他から識別することができず、どのモデルを選ぶかは完全に個人の好みの問題に落ち着いている。

こうして、最も単純で共有できる最大公約数的解釈は、Ψをそのまま受け入れる他ないということになる。すなわち、Ψは反復可能性の条件下で（つまり、一連の同一実験の繰り返しにおいて、同じ状態Ψが保証されるという条件付で）、個別の対象の状態を完全に指定するものとされる（これはフックス等の考えと計算の処方箋上では全く同じである）。従ってわれわれは、ミクロな対象の（局在化した）位置の軌道を部分的に、あるいは測定後にイメージすることはできても、全面的かつ客観的に、あるいは測定前にイメージすることはできないという、認識能力の原理的限界を受け入れざるをえない。

今度は逆に、たとえ対象が局在しているとしても、対象の状態を表す状態関数Ψは一般に局在せず、むしろ空間に拡がっている、というのは何を意味することになるのかと問うてみよう。あるいは、対象がいくつかの（局在した）粒子から成り立っていても、その状態Ψは一般に、これら構成粒子の（これも拡がった）状態関数が絡まりあったものである（エンタングルメント）というのはどう解釈したらよいのだろうか、と問うてみよう。実際にはすでに述べたように、これらのΨはヒルベルト空間に拡がっているのであって何ら実空間に拡がっている実在波をイメージする必要はないのである。

むろんヒルベルト空間自体が、最終的には具体的な測定装置と関係する、いわば測定空間ともいうべき性格のものであるという意味で、実空間と関係はしている。したがってここからもうひとつ、極めて重要な結論が出てくることになる。すなわち、(Ψの持つもう一種の非局所性である)「波束の収縮」は、測定という行為の持つ全体性(単一性)と関係しているのであって、その点では古典論の確率の議論における非局所性と何ら変わらないというものである。ここでいう古典論の非局所性とは、「ある値をとる確率は測定したとたんに1か0となる」というわれわれが日常経験しているごく普通のものである。

だからこそ、この種の非局所性を積極的(能動的)に利用して信号に用いるなどということはできず、そのため相対論に抵触しないことも保証されているのであって、その意味では受動的な非局所性である。

最後に付け加えたいことは、こうしてΨを用いること自体が、認識論的要素を自然の記述の中に持ち込むことを意味するということである。その意味ではすでに機械論を超えている。Ψは直接的には対象の存在確率と関係しているのではなく、(われわれが測定装置を持ち込んだときに見出される)発見確率と関係している。それはいわば、われわれの自然の中における位置、そこから外界を見ている位置をも示したことになるのである。

図2は、マクロとミクロとΨの関係を、戯画的に描いたものである(粟屋、2005)。孫悟空の逸話にちなんで、(認識論的に)相補的な関係にあるマクロ世界とミクロ世界の全体をΨの手の平の上にのせてある。つまり、われわれは所詮、自然の中における己の位置から自然を見ている、という関係からのがれることはできない。それ

図2　マクロとミクロの相補性

は人間の実験的能力に、したがってまた自然に対する認識能力に、これまで知られていなかったある基本的限界を突きつけたことにもなる。例えば不確定性原理はΨに統計公式Ⅱ-3を用いれば自動的に出てくるものであるが、それによれば、ミクロ対象のより小さい領域を実験的に調べようとすればするほど、より巨大な加速器を必要とする。つまりいまや、われわれの実験的能力自体が（理論的に）無条件に与えられているわけではない。しかもいまや地球は有限である。われわれは、この有限な資源の下で、いかなる分野の科学を、どのように発展させるかの選択が問われる時代に生きているのである。

文献

M・アーントス他　1999. *Nature,* 401, 14, October, p.680
A・アインシュタイン他　1935. *Physical Review,* 47, p.777
L・アカルディ　1997. *URNE E CAMALEONTI,* Mirano:il saggiatore
粟屋かよ子　1992. *Physics Essays,* 5, p.142
1997 *Physical Review,* A 56, p.4106
2000『数理科学』サイエンス社、一〇月号三三頁、「心身問題と量子力学」の5、測定過程の波束の収縮束の収縮（ただしこの時点では、命題A'に対応するものとして、「任意に観測可能な物理量が常にある値を持っている」とかなり過激な仮定をしているが、ここで扱っている測定過程の議論には支障はない）
2005 *Physics Essays,* 18, No.3

E・シュレーディンガー　1944, *What is Life?* Cambridge University Press

1944a 上記　邦訳『生命とは何か』（岡・鎮目訳）、岩波書店、一二一頁

1944b 同上、「まえがき」i

F・セレリ　1988, *QUANTUM MECHANICS VERSUS LOCAL REALISM*, Edited by F. Selleri Plenum Press

高林武彦　1988『現代物理学の創始者』みすず書房、二三二頁

朝永信一郎　1952a『量子力学II』みすず書房、三一一頁

1952b 同上、三三七頁

1982『量子力学的世界像』（朝永振一郎著作集8）三頁、「光子の裁判」、みすず書房

J・v・ノイマン　1957『量子力学の数学的基礎』（井上健他訳）、みずず書房

1957a 同上、三三五頁

W・ハイゼンベルク　1927, *Zeitschrift für Physik*, 43, p.172

R・P・ファインマン　1965『ファインマン物理学V』（砂川重信訳）岩波書店

1982 "Simulating physics with computers", *International Journal of Theoretical Physics*, 21, p.47

C・A・フックス他　2000 Physics Today, March, p.70

ディ・イ・ブロフィンツェフ　1974『量子力学の原理的諸問題』（福山武志訳）、総合図書

J・S・ベル　1964 *Physics*, 1, p.195

1990 *Physical World*, August, p.33

N・ボーア　1990『原子理論と自然記述』（井上健訳）、みすず書房

1990a　同上、一八七頁
D・ボーム　1952 *Physical Review*, 85, p.166
M・ヤンマー　1974a『量子力学の哲学・下』（井上健訳）、紀伊國屋書店、六一三頁
1974b『量子力学の哲学・上』（井上健訳）、紀伊國屋書店、一一頁

おわりに

高校時代、私はよく夢にうなされました。中でもとりわけ一つの夢が、その後の私をとらえて離しませんでした。それは次のようなものです。

画面には、それほど幅広くはない一本の道が手前から向こうへと伸びている。左側は塀でさえぎられ、それがずーっと道に沿って続いている。右側は薄汚れたどぶのような小川が、これも道に沿って流れている。全体が黄味がかった薄暗いとばりに包まれた感じで、他には何もない・・・。ふと見ると向こうの方から小さな子どもが、この道をこちらに向かってヨチヨチと歩いてくる・・・。私（画面には出てないが）は何気なく小さな石ころを手にして、ひょいと道に放った。すると、何とその小石は、少しずつ大きくなりながら道の上を向こうへと転がってゆくではないか。みるみるその石はふくれあがり、歩いてくる子どもに向かってなおも転がってゆく。「あー」と私は声を出そうとするのだが、声が出ない。いまや道いっぱいの巨岩が、子どもめがけて突進する。私は出ない声を振り絞り、あらん限りに絶叫し・・・そこで目が覚めました。

何という恐ろしい夢を見てしまったことだろうか。これは私が将来、子どもを、人を殺すという予言なのだろうか……。私は布団の上でまんじりともしませんでした。以来、私は誰にも打ち明けることの出来ない秘密とともに生きなければなりませんでした。

それから二〇年以上も経った三十代半ばころ、すでに私は二児の母でしたが、たまたまフロイドの夢判断などの本を読んでいるうちに、道や塀や川といったものが産道を象徴しているという考えを知り、昔、母に聞いた自分が生まれた頃の話を思い出しました。

私は第二次世界大戦が終わる年の一月に、中国は済南で生まれました。父が華北交通に勤務しており、三歳年上の姉は北京で生まれています。当時は一日に一度は空襲警報が鳴り、そのときは皆、社宅に掘った防空壕に入ったということです。私は病院で生まれたのですが、警報が鳴るたびに母は、たった二人きりになった病室で、生まれたばかりの私を抱いて「爆弾が落ちたら一緒に死のうね、一緒に死のうね」と耳元でささやいたということです。私はその話を聞いたときは内心、もし自分がそのとき言葉を発することができたなら「いやだ！　私は生きたい！」と叫んだに違いないと思ったものでした。

この話を思い出したとき、ふと、夢に出てきた子どもは、実は私だったのではないかと思ったのです。私が一所懸命、産道を通って外の世界で生きようとしているのに、外では空襲警報がなり「一緒に死のう」とささやかれ、私は殺されようとしていたのではないかと。

そして、高校時代の私もまた同じように追い詰められていました。胸躍らせて輝く青春を生きようと入学した高校で私を待ち受けていたものは、急激な高度経済成長の下、従順な企業戦士を大量生産するための受験体制に塗りつぶされた単調な灰色の日々でした。私は自分の本当の生を生きたいと何度も家出を試みましたが、私の前に立ちはだかった壁はあまりに巨大でした。実際その後、私は生きる道を求めてさまよい、六年後にはある破局を迎えるところまで行ったのです。

いずれにせよ、夢の中で一所懸命に歩いている子どもが私自身ではないか、というのは私にとって一つの発見でした。こうしてそれ以来、他人にもこの夢の話ができるようになりました。

しかしそのうち、では石ころを投げたのは誰なのか。あれは自分ではなかったのか、という疑問が湧いてきました。私には、たとえかすかではあっても、あのとき投げた石ころの確かな感触が依然として手に残っていました。自分の罪を認めたくないので、子どもを自分に仕立てたのではないかとも思えてきました。

そうこうしているうちに私は、職場の人間関係や仕事のために第三子となるはずであった胎児を人工中絶しました。手術後、ひとりで病院の門をひっそりとくぐって外に出たとき、私は言いようのない喪失感と罪の意識におそわれました。なぜこの子を育ててやることができなかったのだろうか・・・。やがて思ったのです。そうか、やっぱり私は予言どおり子殺しを実行したのだなと。こうして易々と、現代の社会生活に非能率と思われる無数の魂が抹殺されていくのだなあ・・・とも。

その後次第に、あわただしい日常生活の中で、この夢の中の子どもが自分なのか、あるいは石を投げたのが自分なのかという問への関心は薄れ、しまいには夢そのものもほとんど忘れていました。

今回この小冊子を作り上げながら、自然と人間というテーマで、一体何がどう問題なのかと四苦八苦しているうちに、かつての夢の全貌が非常にはっきりとした意味をもって再び私に迫ってきました。あの子どもも私なら、石を投げたのも私ではないだろうか。というより、あの子どもも現代人の姿であり、石をなげたのも現代人ではないか、と思えてきたのです。あるいは、石を投げたのが現代人で、あの子どもは未来の人間と言った方がいいのかもしれません。そう考えれば、そこで投げられついには巨岩となって子どもに襲いかかった石は、人間が使う道具から発展して急速に巨大になり、やがて人間のコントロールから離れつつある現代の科学・技術の象徴と見なすこともできるでしょう。つまりこの夢は、自然の一部として出発しながら、自らが開発した科学・技術によって、自らの崩壊の危機を招いている現代人の姿を如実に表しているのではないかと思えるのです。

いま私たち人類は、加害者でもあれば被害者でもあるという状況にいます。しかも、私たちを一生物種としてのヒトから人間へと導いた、主要な原動力のひとつが道具の開発であり、その延長線上にある現代の科学・技術が私たちを危機へと駆り立てているのです。だからこそ、これは難問です。単純に科学・技術を捨て去ることは、人間への道を否定することになります。そして、単純に現在の科学・技術の延長線上でこれを発展させることは、人類崩壊の危機に拍車をかけることになります。あいにく私が見た夢の中には解決策は示されていませんでした。人類は果たしてこの難問を解くことができるのでしょうか。しかも、これを解くための時間が十分残されているのかさえ、私たちは知らないのです。

現代においてこの難問に立ち向うことは、人類史的課題でしょう。しかしむろん、人間にとって死が必然であるように、人類にとってもいずれ絶滅は必然です。それがまさに現在進行中なのだ、というシナリオも十分ありえます。そして「人間が死ねばいいんだ」と言う若者を私は何人も知っています。実際、私の息子も高校時代には幾度となくこの言葉を口にしました。その度に私は心の中で「そんならお前が最初に死ね」と怒鳴っていました。しかも「ではお前自身はどうするのか」と自らに問うたとき、納得のゆく答えは得られませんでした。

しかし今では私はその答えを得ています。それは、少なくとも現在、人類は死ぬわけにはいかない、あるいは、せめて絶滅を回避する努力をぎりぎりまですべきだ、というものです。それは一言でいえば「人間として死にたい」（人間として絶滅したい）と思うからです。人類が汚し、穢してしまった地球を少しでもまともな姿に修復する、これがいま人間のすべきことではないでしょうか。あるいはまた、生命史上最も愚かで悪質で醜い生き方をした種としてこのまま終わりたくはないとも思うからです。

そして何よりも、自然を愛し、人間を愛し、地球を愛した人類として死にたいと思うからです。なぜなら、それなくしては恐らく、一切はむなしいことでしょう。それ以外に、いずれ死すべき人間がそれでも自分の生を肯定できる感情を見出すことは私には困難です。

＊　＊　＊

最後に、少なからぬ同僚や名前も知らない人たちの有形無形の支えや励ましにより、この小冊子ができあがったことを記したいと思います。とりわけ、ノートルダム清心女子大学の保江さん、海鳴社の辻さんには大変お世話になりました。

もとより、このような大それたテーマと内容が私の能力をはるかに超えたものであること、そしてこの著書のあちこちに不十分さがあることは、私自身十分に承知しています。それでもなお書いてきたのは、何者かがわが恥をさらしてでも書くように私を駆り立てたからとしかいいようがありません。

E・シュレーディンガーが『生命とは何か』の「まえがき」に、〈言いわけ〉として次にように述べています。

われわれは、すべてのものを包括する統一的な知識を求めようとする熱望を、先祖代々受け継いできました。……しかし、過ぐる百年余の間に、学問の多種多様の分枝は、その広さにおいても、またその深さにおいてもますます拡がり、われわれは奇妙な矛盾に直面するに至りました。われわれは、今までに知られてきたことの総和を結び合わせて一つの全一的なものにするに足りる信頼できる素材が、今ようやく獲得されはじめたばかりであることを、はっきりと感じます。ところが一方では、ただ一人の人間の頭脳が、学問全体の中の一つの小さな専門領域以上のものを十分に支配することは、ほとんど不可能になってしまったのです。

この矛盾を切り抜けるには（われわれの真の目的が永久に失われてしまわないようにするためには）、われわれの中の誰かが、諸々の事実や理論を総合する仕事に思いきって手を着けるより他には道がないと思います。たとえその事実や理論の若干については、又聞きで不完全にしか知らなくとも、また物笑いの種になる危険を冒しても、そうするより他には道がないと思うのです。

ここで述べられていることの重要性は、半世紀以上経過してなお通用するだけでなく、現在いよいよ（彼の時代には予想すらできなかったほどの）緊急性を帯びています。シュレーディンガーの力にははるかに及ばないものの、私もまた「物笑いの種になる危険を冒してでも、そうするより他には道がない」と思うものの一人です。とにもかくにも、ここに私の一歩を踏み出させてくださった諸々の縁に、改めて心より感謝いたします。

二〇〇七年元日

栗屋　かよ子

著者：粟屋　かよ子（あわや　かよこ）

1945年，中国・済南で生まれ，翌年日本に引き揚げる．児童期は山口県，思春期は岐阜県で育ち，その後，奈良女子大学理学部，名古屋大学大学院理学研究科で物理学・素粒子論を専攻，博士号（素粒子論）を取得する．以後，物理学からは大いに離れ，教育運動（東海フリースクール研究会，全国フリースクール研究会）に身を投じ，十数年後に再び物理学に復帰し，その後二十年近くを量子力学の観測問題と格闘する．この間に，暁学園短期大学教授を経て，現在四日市大学教授，環境物理学担当．

著書に『自然と人間復権の教育』（共著）（一光社，1986）など，訳書に『量子論にパラドックスはない――量子のイメージ――』（P・R・ウォレス著）（共訳）（シュプリンガー・フェアラーク東京，1999）．

破局――人類は生き残れるか

2007年3月1日　第1刷発行

発行所：㈱海 鳴 社　http://www.kaimeisha.com/

〒101-0065　東京都千代田区西神田2－4－6

Eメール：kaimei@d8.dion.ne.jp

電話：03-3262-1967　ファックス：03-3234-3643

発行人：辻 信 行

組 版：海 鳴 社

印刷・製本：シナノ

出版社コード：1097

ISBN 978-4-87525-236-8　落丁・乱丁本はお買い上げの書店でお取替えください